Mathematisch=Physikalische Bibliothek

Unter Mitwirkung von Fachgenossen herausgegeben von
Oberstud.-Dir. Dr. **W. Lietzmann** und Oberstudienrat Dr. **A. Witting**
Fast alle Bändchen enthalten zahlreiche Figuren. kl. 8.

Die Sammlung, die in einzeln käuflichen Bändchen in zwangloser Folge herausgegeben wird, bezweckt, allen denen, die Interesse an den mathematisch-physikalischen Wissenschaften haben, es in angenehmer Form zu ermöglichen, sich über das gemeinhin in den Schulen Gebotene hinaus zu belehren. Die Bändchen geben also teils eine Vertiefung solcher elementarer Probleme, die allgemeinere kulturelle Bedeutung oder besonderes wissenschaftliches Gewicht haben, teils sollen sie Dinge behandeln, die den Leser, ohne zu große Anforderungen an seine Kenntnisse zu stellen, in neue Gebiete der Mathematik und Physik einführen.

Bisher sind erschienen: (1912/26):

Der Gegenstand der Mathematik im Lichte ihrer Entwicklung. Von H. Wieleitner. (Bd. 50.)
Beispiele z. Geschichte d. Mathematik. Von A. Witting u. M. Gebhardt. 2. Aufl. (Bd. 15.)
Ziffern und Ziffernsysteme. Von E. Löffler. 2., neubearb. Aufl. I: Die Zahlzeichen d. alt. Kulturvölker. II: Die Zahlzeichen im Mittelalter u. i. d. Neuzeit. (Bd. 1 u. 34.)
Der Begriff der Zahl in seiner logischen und historischen Entwicklung. Von H. Wieleitner. 2., durchges. Aufl. (Bd. 2.)
Wie man einstens rechnete. Von E. Fettweis. (Bd. 49.)
Rechnen der Naturvölker. Von E. Fettweis. (Bd. 71.)
Archimedes. Von A. Czwalina. (Bd. 64.)
Die 7 Rechnungsarten mit allgemeinen Zahlen. Von H. Wieleitner. 2. Aufl. (Bd 7.)
Abgekürzte Rechnung. Nebst einer Einführung in die Rechnung mit Logarithmen. Von A. Witting. (Bd. 47.)
Interpolationsrechnung. Von B. Heyne. [In Vorber. 1926.]
Wahrscheinlichkeitsrechnung. Von O. Meißner. 2. Auflage. I: Grundlehren. II: Anwendungen. (Bd. 4 u. 33.)
Korrelationsrechnung. Von F. Baur. [U. d. Pr. 1926.]
Die Determinanten. Von L. Peters. (Bd. 65.)
Mengenlehre. Von K. Grelling. (Bd. 58.)
Einführung in die Infinitesimalrechnung. Von A. Witting. 2. Aufl. I: Die Differentialrechnung. II: Die Integralrechnung. (Bd. 9 u. 41.)
Gewöhnliche Differentialgleichungen. Von K. Fladt. (Bd. 72.)
Unendliche Reihen. Von K. Fladt. (Bd. 61.)
Kreisevolventen und ganze algebraische Funktionen. Von H. Onnen. (Bd. 51.)
Konforme Abbildungen. Von E. Wicke. [U. d. Pr. 1926.]
Vektoranalysis. Von L. Peters. (Bd. 57.)
Ebene Geometrie. Von B. Kerst. (Bd. 10.)
Der pythagoreische Lehrsatz mit einem Ausblick auf das Fermatsche Problem. Von W. Lietzmann. 3. Aufl. (Bd. 3.)
Der Goldene Schnitt. Von H. E. Timerding. 2. Aufl. (Bd. 32.)
Einführung in die Trigonometrie. Von A. Witting. (Bd. 43.)
Sphärische Trigonometrie. Kugelgeometrie in konstruktiver Behandlung. Von L. Balser. (Bd. 69.)
Methoden zur Lösung geometrischer Aufgaben. Von B. Kerst. 2. Aufl. (Bd. 26.)
Nichteuklidische Geometrie in der Kugelebene. Von W. Dieck. (Bd. 31.)
Einführung in die darstellende Geometrie. Von W. Kramer. I. Teil: Senkr. Projektion auf eine Tafel. (Bd. 66.) II. Teil: Grund- und Aufrißverfahren. Allgemeine Parallelprojektion. Perspektive. [U. d. Pr. 1926.] (Bd. 67.)

Fortsetzung siehe 3. Umschlagseite

Verlag von B. G. Teubner in Leipzig und Berlin

MATHEMATISCH-PHYSIKALISCHE
BIBLIOTHEK
HERAUSGEGEBEN VON W. LIETZMANN UND A. WITTING
===== 69 =====

SPHÄRISCHE TRIGONOMETRIE
KUGELGEOMETRIE
IN KONSTRUKTIVER BEHANDLUNG

VON

L. BALSER
OBERSTUDIENRAT AN DER LIEBIGS-OBERREALSCHULE
IN DARMSTADT

1927
Springer Fachmedien Wiesbaden GmbH

ISBN 978-3-663-15251-4 ISBN 978-3-663-15815-8 (eBook)
DOI 10.1007/978-3-663-15815-8

SCHUTZFORMEL FÜR DIE VEREINIGTEN STAATEN VON AMERIKA:
COPYRIGHT 1927 BY Springer Fachmedien Wiesbaden
Ursprünglich erschienen bei B. G. TEUBNER IN LEIPZIG 1927.

VORWORT

Bei dem Versuch, die im Schulunterricht vorkommenden raumgeometrischen Stoffe einwandfrei zu gestalten, zeigte es sich, daß die Kugelgeometrie besonders geeignet ist zur Einführung in die Vorstellungen, die in der darstellenden Geometrie gepflegt werden müssen; dementsprechend sind alle Aufgaben zuerst im Raum (an der Kugel) entwickelt; dann folgt die konstruktive Lösung, und erst zuletzt wird der Anschluß an die Rechnung hergestellt. An Vorkenntnissen wird nur sehr wenig vorausgesetzt, jedenfalls nichts aus der darstellenden Geometrie; auch die Lehre von der Fernabbildung (Affinität) ist kurz abgeleitet. Buchstaben sind in den Figuren nur sparsam verwendet, weil den Punkten in den Anwendungen (die grundsätzlich zur Ableitung des Neuen herangezogen wurden) stets eine bestimmte, anschaulich erfaßbare Bedeutung zukommt, so daß der Leser, sobald er die ersten Schwierigkeiten überwunden hat, die Figuren leicht verstehen wird und dann nicht mehr nötig hat, sich ,,Buchstaben" mühsam zusammenzusuchen. Allerdings wird vorausgesetzt, daß er die angegebenen Konstruktionen wirklich ausführt und sich dabei nicht sklavisch an die in den Figuren des Buches gemachten Lagenannahmen klammert. Nur so wird er in Kürze den Stoff zu meistern lernen.

Darmstadt, Oktober 1926.

L. Balser.

INHALT

  I. Allgemeine Eigenschaften der Kugel (Nr. 1—4).
 II. Das Fernbild der Kugel (Nr. 5—10).
III. Das Zweitafelsystem (Nr. 11 u. 12).
 IV. Die Himmelskugel (Nr. 13—15).
  V. Nautisches Dreieck — Seitenriß — Astronomisches Dreieck (Nr. 16—21).
 VI. Sphärische Trigonometrie (Nr. 22—27).
VII. Beispiele rechtwinkliger Dreiecke (Nr. 28—31).
VIII. Großkreis durch zwei Punkte — Pol und Polare — (Nr. 32—39).

I. ALLGEMEINE EIGENSCHAFTEN DER KUGEL

1. Die Kugelfläche ist der geometrische Ort der Punkte, die von einem Punkt, dem Mittelpunkt O, einen festen Abstand r haben. Legt man durch die Kugelmitte eine Ebene, so schneidet diese die Kugelfläche in einem Kreis vom Halbmesser r. Zieht man in diesem Kreis irgendeinen Durchmesser, so ist dieser auch ein Durchmesser der Kugel; er trifft die Fläche in zwei „Gegenpunkten". Dreht man den Schnittkreis um den Durchmesser, so beschreibt der Kreis die Kugelfläche. Die Kugel gehört also zu der Familie der **Drehflächen**, wie der gerade Zylinder und der gerade Kegel (Gegenbeispiel: der schiefe Zylinder und Kegel sind keine Drehflächen). Sie unterscheidet sich aber von diesen dadurch, daß sie aus **jedem** ihrer **unendlich vielen Durchmesser** durch Drehung erzeugt werden kann. Dieselbe Eigenschaft hat nur noch die **Ebene**, für die **jedes ihrer Lote** als Drehachse gewählt werden kann.

Sind auf der Fläche zwei Punkte gegeben, die nicht Gegenpunkte sind, so ist durch sie ein Kreis bestimmt, der die Kugelmitte zur Mitte hat. Der kürzeste der beiden Bögen dieses Kreises, der die beiden Punkte verbindet, ist deren kürzeste Verbindungslinie, ihr Abstand (vgl. unten Nr. 38). Der Kreis durch die Kugelmitte spielt daher auf der Fläche eine ähnliche Rolle wie die Gerade in der Ebene. Er heißt „**Großkreis**", im Gegensatz zu den Kreisen, in denen die Kugel von Ebenen geschnitten wird, die nicht durch die Kugelmitte gehen. Eine Ebene nämlich, die von der Kugelmitte den Abstand $h < r$ hat, schneidet die Fläche in einem Kreis, dessen Halbmesser ϱ sich aus $r^2 = h^2 + \varrho^2$ ergibt. Denn legt man durch die Kugelmitte eine Ebene senkrecht zur Schnittebene, so schneidet diese Ebene, die wir als Zeichenebene (Tafel) benutzen wollen, die Kugel in einem Großkreis, die gegebene Ebene aber in einer Sehne dieses Großkreises im Abstand h von der Mitte. Dreht man

I. Allgemeine Eigenschaften der Kugel

die ganze Figur um die Linie des Abstandes h, so beschreibt die Sehne den gesuchten Kreis. Ist $h = r$, so wird die Ebene zur Berührebene oder zur „Berührenden". **Die Berührende steht in dem Ende des Halbmesser auf diesem senkrecht.**

2. Legt man zwei Durchmesserebenen, so schneiden diese aus der Fläche vier paarweise gleiche „Kugelzweiecke" aus. Die vier Winkel, unter denen sich die beiden Ebenen treffen, kommen an den Enden des ihnen gemeinsamen Durchmessers zutage, natürlich auch in der zu beiden senkrechten Durchmesserebene. Wird ein solcher Winkel mit α bezeichnet, so gilt für die Fläche Z des zugehörigen Zweiecks die Verhältnisgleichung:

$$Z : K = \alpha : 360^0,$$

wenn K die Kugelfläche bedeutet.

Nimmt man jetzt auf der Fläche der Kugel drei Punkte A, B, C an und verbindet sie durch Großkreisbögen a, b, c, so schneiden sich die tragenden Großkreise außer in A, B, C noch in deren Gegenpunkten A', B', C' (Fig. 1 und 2). Es entstehen auf der Fläche somit 8 „Kugeldreiecke" (jedes umfaßt 3 Punkte, die nicht auf einem Großkreis liegen, samt drei sie verbindenden Großkreisbögen), nämlich außer dem Dreieck ABC und seinem Gegendreieck $A'B'C'$ noch 3 Nebendreiecke, die mit ABC je eine Seite, und 3 Scheiteldreiecke, die je einen Scheitelwinkel mit $AB\dot{C}$ gemein haben. Die beiden Gegendreiecke stimmen in allen Seiten und Winkeln überein (in Fig. 1 und 2 ist das Dreieck ABC sichtbar, das Gegendreieck ist also verdeckt), sie haben aber entgegengesetzten Umlaufsinn und lassen sich daher nicht zur Deckung bringen. Die beiden Dreiecke liegen punktspiegelig (S. 8), ebenso ihre Bilder. Umläuft also ein Punkt X den Umfang des Dreiecks ABC (in diesem Sinn), so durchläuft im Lotbild (s. u.) sein Gegenpunkt X' den Umfang des Dreiecks $A'B'C'$ in demselben Sinn, stets um 180^0 hinter dem ersteren zurückbleibend. Da man aber das Bild des Dreiecks $A'B'C'$ von der entgegengesetzten Seite wie ABC betrachten muß, so **kehrt sich bei dieser Betrachtung der Sinn um.**

Kugelzweieck, Kugeldreieck mit Gegendreieck

Anm.: Der Uhrzeiger scheint, von der Rückseite betrachtet, „gegen den Uhrzeiger" zu laufen. — Das Himmelsgewölbe dreht sich von Osten nach Westen, also alle Sterne in demselben Sinn. Da man aber z. B. die Sonnenbahn in der Richtung nach Süden betrachtet, die Bahn eines Zirkumpolarsterns aber in der Richtung nach Norden, so läuft der letztere für den Beobachter gegen den Uhrzeiger. — Ebenso läuft die Sonne für unsere Gegenfüßler gegen den Uhrzeiger, weil sie für sie in der Richtung nach Norden gesehen wird, also in der entgegengesetzten Richtung als für uns. — Noch eine andere Erscheinung mag hier herangezogen werden, um die Umkehrung des Drehsinns und die Vertauschung von Rechts und Links zu beleuchten; sie tritt ein, wenn der Beschauer von der einen Seite einer Fläche zur anderen übergeht. Die Lichtgestalt des zunehmenden Mondes merkt man sich bekanntlich daran, daß sie den ersten Schwung eines kleinen deutschen z bildet. Der Mond ist hinter der Sonne in seinem Umlauf um einen gewissen Winkel zurück; da wir das Gesicht dem südlichen Himmel zugewandt haben, steht der Mond links von der Sonne. Dies kehrt sich aber für den Bewohner der südlichen Halbkugel um, da dieser Sonne und Mond im Norden sieht. Er kann also den zunehmenden Mond nicht zu einem z, sondern zu einem a ergänzen. Der Übergang von einer Form zur anderen findet statt, wenn der Beobachter die Ebene Sonne, Erde, Mond durchschreitet; diese Ebene schneidet aus der Erde einen Großkreis aus; für den diesen überschreitenden ist sie Lotebene. In den Tropen, wo die Gestirne senkrecht aufsteigen, befindet sich der zunehmende Mond beim Aufgang unter der Sonne, sein oberer Teil ist also beleuchtet, und der zunehmende Mond erscheint beim Aufgang wie ein aufgespannter Schirm, beim Untergang aber als „Schiffchen". Der abnehmende Mond zeigt das umgekehrte Verhalten (Möbius S. 65).

Um auf unsere Aufgabe zurückzukommen, hat das Dreieck $A'B'C'$ den umgekehrten Umlaufsinn wie das Dreieck ABC, weil beide von außen, also in entgegengesetzter Richtung betrachtet werden.

Man kann das Dreieck $A'B'C'$ längs eines der drei Großkreise verschieben, so daß zwei entsprechende Seiten der beiden Dreiecke zur Deckung kommen; dann liegen sie spiegelig zur Ebene dieses Kreises; wären sie eben, so könnte man sie durch Umklappung um die gemeinsame Seite zur Deckung bringen; dabei würde aber in unserem Fall die Innenseite nach außen kommen, die wegen ihrer entgegengesetzten Krümmung nicht deckfähig ist, sondern vielmehr spiegelig wie die rechte und linke Hand.

I. Allgemeine Eigenschaften der Kugel

3. Begriff der Spiegelung: Unter Spiegelung versteht man eine Abbildung, deren Wiederholung den Bildpunkt in den Urpunkt zurückführt. Wenn man insbesondere den Abstand eines beliebigen Punktes von einem Punkt, einer Ebene oder einer Geraden über den Fußpunkt hinaus um sich selbst verlängert, so nennt man den so erhaltenen Endpunkt das Spiegelbild des Punktes an dem Punkt, der Ebene oder der Geraden. Urpunkt und Bildpunkt haben also entgegengesetzt gleichen Abstand vom Spiegel.

Satz: Die Spiegelung an einer Geraden ist eine halbe Umdrehung um diese Gerade.

Bew.: Die Spiegelung ist für jede durch die Gerade gelegte Ebene eine „Umwendung" der Ebene um diese Gerade. Man kann alle diese Ebenen starr miteinander und somit alle Punkte des Raumes starr mit der Achse verbunden denken und sie der halben Umdrehung um die Spiegelachse unterwerfen und erhält so die Spiegelung an der Geraden.

Sätze über die Kugelfläche: Die Kugelfläche ist spiegelig zur Kugelmitte, zu jeder Durchmesserebene und zu jedem Durchmesser.

Bew.: Die Spiegelung an der Kugelmitte ist für jeden Großkreis die Spiegelung an seiner Mitte (Fig. 3).

Die Spiegelung an einer Durchmesserebene ist für jeden Kreis, der senkrecht auf dem Spiegel steht, die Spiegelung an dem Durchmesser, den er mit dem Spiegel gemein hat.

Die Spiegelung an einem Durchmesser ist für jeden Kreis, der senkrecht auf dem Spiegel steht, die Spiegelung an dem Kreismittelpunkt, den er mit dem Spiegel gemein hat.

4. Kehren wir zurück zum Kugeldreieck. Seine Seiten werden zunächst im Gradmaß ausgedrückt; will man die Länge haben, so muß man den Winkel im Bogenmaß ausdrücken und dann mit dem Kugelhalbmesser multiplizieren. Bekanntlich gilt für den Bogen $x = \text{arc } \alpha$ die Verhältnisgleichung $x : 2\pi = \alpha^0 : 360^0$, woraus folgt:

$$x = \pi \cdot \alpha^0 : 180^0 = \alpha^0 : (180^0 : \pi) = \alpha^0 : \varrho^0;$$

dabei ist $\varrho^0 = 57^0, 29578$. Wird α in Minuten ausgedrückt,

so erhält man $x = \alpha' : \varrho'$, wo $\varrho' = 60 \cdot \varrho^0 = 3437',747$ ist.
Wenn endlich α in Sekunden angegeben ist, so erhält man $x = \alpha'' : \varrho''$, wo $\varrho'' = 60 \cdot \varrho' = 206264'',8$ ist. Der Seemann umgeht die Rechnung, indem er die Entfernungen in „Seemeilen" ausdrückt; die Seemeile ist der Bogen, der zu einer Minute des Großkreises gehört.

Die Winkel des Dreiecks sind die der Großkreisebenen. Diese Ebenen bilden ein „Dreikant" oder eine dreiseitige körperliche Ecke, die dem Kugeldreieck eindeutig zugeordnet ist und die zugehörige Mittelpunktsecke genannt wird. Die Neigungswinkel der Mittelpunktsecke sind zugleich die Winkel des Kugeldreiecks; denn diese werden durch die Berührenden der Bögen eingeschlossen. Diese drei Winkel seien mit α, β und γ bezeichnet; dann sind die Kugelzweiecke, die zu diesen Winkeln gehören, der Reihe nach gleich $\alpha^0 \cdot K : 360^0$, $\beta^0 \cdot K : 360^0$ und $\gamma^0 \cdot K : 360^0$, ihre Summe also $(\alpha + \beta + \gamma)^0 \cdot K : 360^0$. Jedes Kugelzweieck wird durch eine Dreiecksseite in zwei Dreiecke geteilt, deren eines jedesmal das Dreieck ABC ist, während die anderen die Nebendreiecke dieses Dreiecks sind. Ersetzt man ein Nebendreieck durch sein zugehöriges Scheiteldreieck, so wird durch alle Dreiecke gerade eine Halbkugel ausgefüllt, wobei aber das Dreieck ABC dreimal gezählt ist. Dieses Dreieck ist also zweimal mehr gezählt, als es wirklich vorhanden ist, somit hat man die Gleichung:

$$(\alpha + \beta + \gamma) \cdot K : 360 = \tfrac{1}{2} K + 2F,$$

wenn man die Dreiecksfläche mit F und die Oberfläche der Kugel mit K bezeichnet. Demnach ist:

$$F = \frac{\alpha + \beta + \gamma}{4 \cdot 180} \cdot K - \frac{K}{4} = \frac{\alpha + \beta + \gamma - 180}{180} \cdot \frac{K}{4}.$$

Nun ist aber $K = 4 \cdot \pi \cdot r^2$; setzt man dies ein, so folgt für die Dreiecksfläche $F = \pi r^2 \cdot \varepsilon : 180 = r^2 \cdot \varepsilon^0 : \varrho^0 = r^2 \cdot \operatorname{arc} \varepsilon$, wo $\varepsilon = \alpha + \beta + \gamma - 180$ gesetzt ist; man nennt ε den sphärischen Exzeß. Hieraus folgt:

Satz: Die Summe der Winkel eines Kugeldreiecks ist größer als 180^0; sie ist vom Flächeninhalt des Dreiecks abhängig und nur für alle Dreiecke desselben Flächeninhalts gleich. — Da zum Aufbau der Mittelpunktsecke die Summe der

10 II. Das Fernbild der Kugel

Seiten (zunächst rein anschauungsmäßig gedacht, der Beweis folgt später) unter 360⁰ bleiben muß, folgt auch für das Kugeldreieck der

Satz: Die Summe der Seiten eines Kugeldreiecks ist kleiner als 360⁰.

Anm.: Wir beschränken uns hier auf Dreiecke, deren Seiten und Winkel einzeln unter 180⁰ bleiben. Der Beweis für den zuletzt ausgesprochenen Satz wird später mittels der Polarecke geführt werden (Nr. 38).

Endlich gilt wie beim ebenen Dreieck der Satz: Jede Seite ist größer als die Differenz und kleiner als die Summe der beiden anderen Seiten. (Beweis Nr. 38.)

Nehmen wir nun an, es seien zwei Punkte der Fläche durch irgendeinen Linienzug auf der Fläche miteinander verbunden; man teile den Zug in so kleine Teile, daß man diese durch Großkreisbögen ersetzen kann. Zieht man dann vom Anfangspunkt nach den Teilpunkten Großkreise als Sehnen, so erkennt man, daß der Großkreis durch die beiden gegebenen Punkte die kürzeste Verbindungslinie ist. Der Großkreis ist daher die „geodätische Linie" auf der Kugel wie die Gerade in der Ebene.

II. DAS FERNBILD DER KUGEL

5. Um ein Bild der Kugel zu erhalten, denken wir uns von jedem Punkt der Kugelfläche das Lot auf eine dahinterstehende Ebene, die Bildebene oder die „Tafel", gefällt. Das so gewonnene Bild heißt „Lotbild" (Fig. 1), zum Unterschied

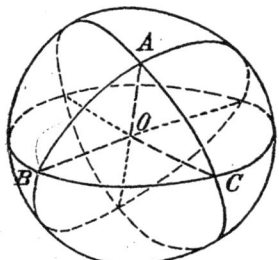

Fig. 1. Allgemeines Dreieck (Lotbild).

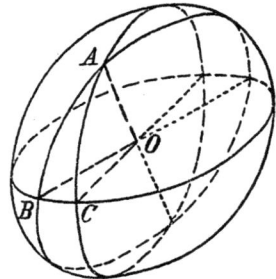

Fig. 2. Rechtwinkliges Dreieck (Schrägbild).

von dem oft verwandten „Schrägbild" (Fig. 2), bei dessen
Erzeugung die Lote durch parallele „Sehstrahlen" von
schiefer Richtung ersetzt sind.

Stellt man z. B. die Erdkugel mittels Sehstrahlen dar, die
der Erdachse parallel laufen, so liegen alle Sehstrahlen
innerhalb eines Zylinders, dessen Erzeugenden die Kugel in
Punkten des Äquators berühren. Dieser Sehstrahlenzylinder
ist aber, auch bei schiefer Sehstrahlenrichtung, gerade,
weil seine Erzeugenden senkrecht stehen auf seiner Grundebene, hier der Äquatorebene. Die Erzeugenden schneiden
die Tafel im allgemeinen in einer Ellipse[1]); diese wird dann
und nur dann zum Kreis, wenn die Tafel parallel zur
Äquatorebene steht, d. h. beim Lotbild.

Diese Abbildung kann man verwirklichen, indem man den
Globus dem Sonnenlicht aussetzt und den Schatten auf
eine ebene Wand fallen läßt. In dem vorhin behandelten
Beispiel bildet der Äquator die Grenze zwischen dem
sichtbaren (beleuchteten) und dem unsichtbaren (unbe-
leuchteten) Teil der Fläche. Diese Grenzlinie wird „Umriß" genannt, u. z. der Äquator der Kugel der „wahre
Umriß", sein Bild aber der „scheinbare Umriß".

**Ergebn.: Der wahre Umriß der Kugel ist (bei parallelen Seh-
strahlen) stets ein Kreis, der scheinbare Umriß ist beim
Schrägbild eine Ellipse und nur beim Lotbild ein Kreis.**

Jeder innerhalb des Zylinders liegende Sehstrahl schneidet
die Kugelfläche in zwei Punkten, die dasselbe Bild haben,
in dem oben behandelten Fall z. B. die beiden Pole sowie
je zwei Parallelkreise von entgegengesetzt gleicher Breite.
Nur die Punkte des Umrisses haben eindeutig zuge-
ordnete Bilder. Die verdeckten Linien werden gewöhnlich
„punktiert" gezeichnet (Fig. 1 und 2).[2])

---

[1]) Die Ellipse wird später behandelt; hier kommt es nur darauf
an, daß der schiefe Schnitt eines Drehzylinders kein Kreis ist.

[2]) Oft scheint eine auf der Vorderseite der Kugelfläche verlau-
fende Linie eine auf der Hinterseite liegende zu schneiden. Stellen
sich z. B. zwei Großkreise als Ellipsen dar, so sieht man außer den
beiden wirklich vorhandenen Schnittpunkten noch zwei Schein-
schnittpunkte. An solchen Stellen ist jedesmal die hinten liegende
Linie unterbrochen (Fig. 1, 2, 3). Dieses Verfahren trägt auch dem
Umstand Rechnung, daß der Scheinschnittpunkt undeutlich erscheint, wenn man das Auge scharf auf den vorderen Punkt einstellt.

II. Das Fernbild der Kugel

6. Wir werden uns in der Folge des Lotbildes bedienen und nur ganz ausnahmsweise ein Schrägbild benutzen.[1])

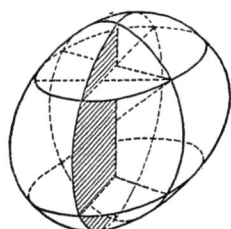

Fig. 3. Spiegeleigenschaften der Kugel (Schrägbild).

Denkt man sich die Kugel innerhalb des Sehstrahlenzylinders verschoben, d. h. ohne Drehung in der Richtung der Achse bewegt, so ändert sich das Bild nicht; man kann daher die Kugel so lange verschieben, bis die Kugelmitte in der Tafel liegt, oder man kann die Tafel durch die Kugelmitte legen. Dann würde also in dem obigen Beispiel die Erde auf die Ebene des Äquators abgebildet (Fig. 4).

Die Parallelkreise liegen der Tafel parallel; der sie lotende Zylinder wird also parallel zur Grundfläche abgeschnitten, so daß die Parallelkreise kongruent abgebildet werden[2]); man sagt, sie erscheinen „in wahrer Größe" (i. w. G.). Dasselbe gilt von jeder ebenen Figur, die der Tafel parallel ist.

Die Mittagskreise dagegen stehen senkrecht auf der Tafel; sie werden daher durch ihre Durchmesser abgebildet, wie denn jede ebene Figur, die zur Tafel senkrecht steht, als Stück einer Geraden erscheint. — Die Winkel am Pol liegen in der Berührebene, die zur Tafel parallel ist; sie erscheinen also i. w. G. —

Ergebn.: Jede zur Tafel parallele Figur erscheint i. w. G.; jede zu ihr senkrechte ebene Figur bildet sich als Stück einer Geraden ab.

7. Das Lotbild (oder Schrägbild) einer ebenen Figur, die schief zur Tafel steht, ist mit ihr, wie man sagt, „affin verwandt". Das Wort „affin" bedeutet verwandt, Affinität: Verwandt-

---

1) Unsere Lehrbücher verwenden fast nur das Schrägbild, oft in fehlerhafter Ausführung; das ist keinesfalls zu billigen, schon um deswillen nicht, weil die Konstruktion eines solchen Bildes für den Anfänger recht schwierig und ungemein zeitraubend ist. Wo es sich aber um die Veranschaulichung räumlicher Sätze handelt, ist das Schrägbild dem Lotbild oft überlegen; man wird deshalb jenes nie ganz entbehren können.

2) Die Halbmesser sind der Figur 5 entnommen; die Erläuterung folgt unten (Nr. 11 Schluß).

schaft. Wir wollen gut deutsch sagen: „Fernabbildung" im Gegensatz zu der im Zeichenunterricht gebräuchlichen „Zentralperspektive" oder „Kollineation", die eine „Nahabbildung" darstellt aus einem endlichen „Auge", während bei der Fernabbildung das Auge unendlich fernrückt.

Die Eigenschaften des Fernbildes sind die folgenden: **Das Fernbild (auch das Nahbild) einer Geraden ist eine Gerade.** Die gegebene Gerade bestimmt nämlich zusammen mit einem sie treffenden Sehstrahl eine „Sehstrahlebene", die das Bild ausschneidet.

Die Fernbilder paralleler Geraden sind parallel, denn sie werden durch parallele Sehstrahlebenen ausgeschnitten. **Das Fernbild der Mitte einer Strecke ist die Mitte der Bildstrecke** (das Bild der Mitte ist die Mitte des Bildes). Die Sehstrahlen, die die Enden einer Strecke abbilden, sind nämlich die Grundlinien eines Trapezes, dessen Mittellinie die Mitte der Bildstrecke ausschneidet.

Anm.: Man kann den Satz verallgemeinern: Das Teilverhältnis innerhalb einer Strecke und innerhalb paralleler Strecken bleibt erhalten, oder: Fernbildliche Punktreihen sind ähnlich. Dieser Satz enthält aber das Teilverhältnis oder die Irrationalität, während der für uns allein in Betracht kommende Sondersatz durch Kongruenz bewiesen wird.

Erkl.: Das Fernbild des Kreises nennt man Ellipse.

Anm.: Wenn man die Ellipse aus ihren Brennpunktseigenschaften erklärt, muß man beweisen, daß das Fernbild des Kreises diese Eigenschaften hat. Der Beweis wird für das Lotbild sowie für den Schnitt des Drehzylinders später angedeutet werden, obwohl die Brennpunkte bei unseren Betrachtungen keine wesentliche Rolle spielen.

Die Fernabbildung kann benutzt werden, um zu beweisen, daß **Geraden parallel** sind, oder daß eine **Strecke halbiert** wird. Auf diese Weise sind die folgenden Sätze abzuleiten:

Die Ellipse hat einen Mittelpunkt, nämlich das Fernbild der Kreismitte; alle durch ihn hindurchgehenden Sehnen — die „Durchmesser" der Ellipse — halbieren sich gegenseitig.

Die Mitten paralleler Sehnen liegen auf einem Durchmesser, weil das bei dem Kreis so ist, und diese Eigenschaft bei der Fernabbildung erhalten bleibt. — Der

II. Das Fernbild der Kugel

in der Schar paralleler Sehnen enthaltene Durchmesser ist jenem Durchmesser wechselweise zugeordnet; man nennt diese beiden Durchmesser gepaart (konjugiert).

Erkl.: Gepaarte Durchmesser sind die Fernbilder senkrechter Kreisdurchmesser.

Man nennt auch einen Durchmesser einer Schar paralleler Sehnen gepaart, wenn im Urbild (Kreis) der Durchmesser auf den Sehnen senkrecht stand.

Die Berührenden in den Enden eines Durchmessers sind untereinander sowie dem gepaarten Durchmesser parallel. Allgemeiner: Die Berührenden in den Enden einer Sehne schneiden sich auf dem gepaarten Durchmesser.

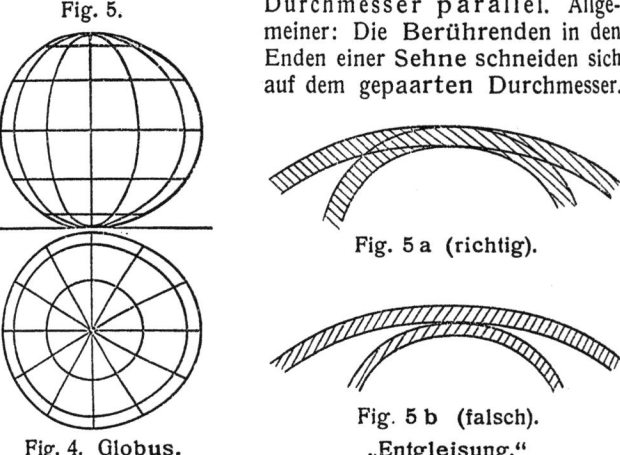

Fig. 5.

Fig. 5a (richtig).

Fig. 5b (falsch). „Entgleisung."

Fig. 4. Globus.

8. Zur Vereinfachung der Beweise beschränken wir uns nun wieder auf das Lotbild des Kreises. Unter den Durchmesserpaaren ist ein Rechtwinkelpaar enthalten, nämlich das Bild des der Tafel parallelen Durchmessers, der sich i. w. G. darstellt, und des zu ihm senkrechten Durchmessers, der sich am stärksten verkürzt; man nennt dieses Rechtwinkelpaar die „Achsen der Ellipse".

Die Enden der Achsen heißen „Scheitel". (Für das Schrägbild sind die Achsen die Bilder eines anderen Rechtwinkelpaares.) Das von den Scheitelberührenden gebildete Rechteck liefert die „Krümmungsmitten" in den Scheiteln,

Ellipse — Dandelins Satz

was vorläufig ohne Beweis mitgeteilt sein möge (Nr. 35, Fig. 21 a). Fällt man von einer Ecke des Rechtecks das Lot auf die Eckenlinie, die nicht durch die benutzte Ecke hindurchgeht, so schneidet dieses aus den Achsen die Krümmungsmitten aus.

Anm.: Bildet die Kreisebene mit der Tafel den Winkel α, so ist die große Halbachse a gleich dem Kreishalbmesser r, die kleine Halbachse $b = r \cdot \cos \alpha$, weil alle parallel zur Fallinie der Kreisebene liegenden Sehnen im Verhältnis $\cos \alpha$ verkürzt werden. Schreibt man die Mittelpunktsgleichung des Kreises $u^2 + v^2 = r^2$, so ist für die Ellipse $x = u$, $y = v \cdot \cos \alpha$; also $x^2 + y^2 : \cos^2 \alpha = r^2$. Da $a = r$ und $b = r \cdot \cos \alpha$ ist, ergibt sich hieraus die bekannte Ellipsengleichung: $\frac{x^2}{a^2} + \frac{y^2}{b^2} = 1$. Da dieselbe Gleichung auch aus den Brennpunktseigenschaften ableitbar ist, sind hiermit für das Lotbild des Kreises die Brennpunktseigenschaften bewiesen.

Die Ellipse, die sich oben beim Schrägbild der Kugel als scheinbarer Umriß (Schattenriß) der Kugel ergab, hat den Kugelhalbmesser r zur kleinen und $r : \cos \alpha$ zur großen Halbachse, sofern man den Winkel, den die Tafel mit der Ebene des wahren Umrisses bildet, mit α bezeichnet. Der Durchmesser des wahren Umrisses, der der Tafel parallel ist, bildet sich nämlich i. w. G. ab, die zu diesem Durchmesser senkrechten Sehnen werden aber im Verhältnis $1 : \cos \alpha$ verlängert. Man kommt also auch in diesem Fall unmittelbar auf die Mittelpunktsgleichung der Ellipse und damit auf die Brennpunktseigenschaften.

9. Diese folgen dann aus dem **Satz von Dandelin** (Fig. 6) für den Drehkegel, angewandt auf den Drehzylinder. Der Satz lautet: Schneidet man einen Drehzylinder mit einer Ebene und konstruiert die beiden Kugeln, die den Zylindermantel und zugleich die Ebene berühren, so sind die Berührpunkte F', F'' mit der Ebene die Brennpunkte der Schnittellipse, d. h. für jeden Punkt P derselben ist die Summe $PF' + PF''$ dieselbe.

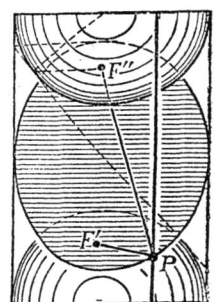

Fig. 6.
Dandelins Satz.

Bew.: Jede der Verbindungslinien PF berührt die betr. Kugel in F; daher ist die

II. Das Fernbild der Kugel

Länge PF gleich dem auf jeder anderen Berührenden erzeugten Abschnitt. Denkt man sich den Zylinder begrenzt durch die beiden Kreise, in denen die Kugeln den Mantel berühren, so ist PF' gleich dem einen, PF'' gleich dem anderen Abschnitt der durch P gehenden Erzeugenden, ihre Summe also gleich der Länge der Zylindererzeugenden.

Fig. 6 ist dadurch entstanden, daß man die Schnittebene zunächst senkrecht zur Tafel annahm, so daß die Achse der Schnittellipse und die Abstände der Brennpunkte von den Scheiteln i. w. G. erscheinen. Dann wurde die ganze Figur um 90^0 gedreht; dabei drehen sich Zylinder und Kugeln in sich, die Ellipse zeigt nun ihre kleine Achse, in deren Enden sie den Umriß berührt, i. w. G.

Setzt man eine Kugel ins Schrägbild und denkt man sich die Kugel in dem Sehstrahlenzylinder parallel verschoben, bis sie die Tafel berührt, so ist der Berührpunkt Brennpunkt der Umrißellipse. Es sind also bei scheitelrechter Tafel die Bilder des vordersten und hintersten Punktes die Brennpunkte des elliptischen Umrisses (C u. C' in Fig. 2).

10. Aufg.: Wir wollen den Globus auf eine Mittagsebene loten (Fig. 5).

Der Nordpol liege oben, der Südpol also unten. Der Äquator und die Parallelkreise bilden sich durch ihre Durchmesser ab, so daß man zwar nicht die Kreise selbst, wohl aber ihre Durchmesser i. w. G. sehen kann. Der in der Tafel liegende Mittagskreis erscheint i. w. G., alle anderen als Ellipsen, ausgenommen den mittleren, dessen Bild mit der Erdachse zusammenfällt.

Man pflegt das Gradnetz in gleichen Winkel- oder Bogenabständen zu entwerfen; wir wählen die Netzmasche zu 30^0. Der Abstand der Parallelkreise ist am Rande i. w. G. einzutragen; um den Äquator i. w. G. zu sehen, legen wir ihn um seinen in der Tafel liegenden Durchmesser in diese um. Es genügt die vordere Hälfte, die wir, um die Vorstellung festzulegen, nach unten umklappen wollen. Dabei fallen die Teilpunkte, die die Mittagslinien ausschneiden, mit den Randpunkten der Parallelkreise zusammen. Nun fällen wir von den Teilpunkten Lote auf den in der Tafel liegenden Äquatordurchmesser und finden so die gesuchten Teilpunkte auf dem Äquatorbild. Denn drehen wir den Äquator wieder in seine ursprüngliche Lage zurück, so werden die Lote zu Sehstrahlen aus den Teilpunkten des

Aufrißbild — Zweitafelsystem

Äquators. Man konstruiere die Krümmungskreise in den Scheiteln und achte darauf, daß die Ellipsen an den Polen keine Spitzen bekommen! Dort, wo sie in den Umriß übergehen, lege man die äußeren Ränder der beiden Linien aneinander, ebenso die inneren so, daß keine „Entgleisung" vorkommt (Fig. 5a).

Die Winkel an den Polen liegen in einer zur Tafel senkrechten Ebene; diese Ebene erscheint daher als Gerade. Die Winkel kann man nicht erkennen; sie bilden sich als solche von $0°$ und $180°$ ab.

Anm.: „Sternachteck". Die Scheitelberührenden der Ellipse bilden ein Rechteck, das Fernbild eines dem Urkreis umgeschriebenen Quadrats; das um $45°$ gegen dieses gedrehte Quadrat hat als Fernbild einen Rhombus, dessen Ecken auf den Achsen der Ellipse in der Entfernung $a \cdot \sqrt{2}$ und $b \cdot \sqrt{2}$ liegen. Man konstruiere diese Entfernungen, um den Rhombus zum genauen Zeichnen der Ellipse zu benutzen (Fig. 21a S. 47).

III. DAS ZWEITAFELSYSTEM

11. Seither haben wir die Kugel in einem Bild dargestellt; das reicht fast immer aus, da man weiß, daß jeder Punkt auf einer Kugeloberfläche von bekanntem Halbmesser und bekannter Mitte liegt. Allerdings kann man nicht ohne weiteres sagen, ob ein Punkt vor oder hinter der Tafel liegt. Auch kommen zuweilen Punkte vor, die nicht auf der Fläche liegen, wie z. B. die Kugelmitte. Es erscheint daher nützlich, kurz auf das Zweitafelsystem einzugehen; wir werden jedenfalls den Ausdruck auf Grund dieses Verfahrens vereinfachen können.

Soll ein Haus gezeichnet werden, so verwendet man einen „Grundriß", der aber die Höhen nicht zeigt, und der daher eines zweiten Bildes, des „Aufrisses", zu seiner notwendigen Ergänzung bedarf. Beide Tafeln stehen senkrecht aufeinander; ihre Schnittlinie nennt man „Rißachse".

Lotet man einen Punkt P auf die Grundrißtafel nach P' und auf die Aufrißtafel nach P'', so bestimmen die beiden Lote PP', PP'' eine gemeinsame Sehstrahlenebene, die auf beiden Tafeln, und somit auch auf deren Schnittlinie, der Rißachse, senkrecht steht. Diese Ebene

III. Das Zweitafelsystem

schneidet die beiden Tafeln in zwei Geraden, die auf der Rißachse und aufeinander senkrecht stehen, und die das durch die beiden Lote bestimmte Rechteck vervollständigen. Die in der Aufrißtafel liegende Rechteckseite gibt die **Höhe**, die im Grundriß liegende den **Abstand des Punktes von der Aufrißtafel** an. Da beide auf der Rißachse und aufeinander senkrecht stehen, bilden sie, wenn man den Grundriß in den Aufriß (nach unten) umlegt, einen gestreckten Winkel, so daß die Verbindungslinie von Grund- und Aufrißbild senkrecht zur Rißachse steht.

Ergebn.: Die Verbindungslinie von Grund- und Aufrißbild steht senkrecht zur Rißachse. Der Abstand des Aufrißbildes von der Rißachse ist die Höhe, der des Grundrißbildes der Abstand des Punktes von der Aufrißtafel. Die Rißachse ist das Grundrißbild der Aufriß- und das Aufrißbild der Grundrißtafel.

Die Umlegung, die wir bei der Kugel oben benutzt haben, ist als eine Abart des Grund- und Aufrißverfahrens anzusprechen: Der Kugeldurchmesser, in dem Äquator- und Mittagsebene sich schneiden, ist die Rißachse, die Umlegung der Grundriß.

Setzen wir die beiden Bilder der Erdkugel auf die Mittags- und auf die Äquatorebene senkrecht untereinander (Fig. 5 u. 4), so haben wir die Kugel in Grund- und Aufriß dargestellt und man sieht nun, weshalb man die Halbmesser der Parallelkreise dem Aufriß, die Schnittpunkte der Mittagskreise mit dem Äquator aber dem Grundriß entnehmen kann. — Man beachte, daß die beiden Umrisse einander nicht entsprechen: Der Äquator erscheint im Grundriß i. w. G., im Aufriß als Gerade, während der im Aufriß liegende Mittagskreis im Grundriß wie alle Mittagskreise als Gerade abgebildet wird.

12. Aufg.: Gegeben sei ein Erdort P durch seine geographischen Koordinaten; gesucht sein Bild auf die Ebene des Äquators und die der nullten Mittagsebene (Fig. 7). Der Äquator erscheint im Grundriß i. w. G., im Aufriß als Durchmesser des nullten Mittagskreises. Die Breite φ kann man im Aufriß am Rande i. w. G. abtragen und durch den Teilpunkt den Parallelkreis ziehen, der als Gerade erscheint. Das Grundrißbild des Parallelkreises erhält man wie oben aus dem im Aufriß enthaltenen

Grund- und Aufriß — Himmelskugel 19

Halbmesser. Nun trägt man im Grundriß die Länge λ auf dem Äquator ab und zieht den Mittagskreis, der als Durchmesser des Äquators erscheint. Der Schnittpunkt beider Kreise im Grundriß ergibt das Grundrißbild des Ortes; das Aufrißbild liegt senkrecht darüber. Hat der Ort, wie in der Figur angenommen, nördliche Breite und östliche Länge, so liegt er über der Grundriß- und vor der Aufrißebene. Führe die Konstruktion auch für die anderen Fälle durch! — Das Aufrißbild des Mittagskreises ist eine Ellipse mit der Erdachse als großer Achse. Das Ende der kleinen Achse ist das Bild des Schnittpunktes mit dem Äquator, also im Grundriß bereits dargestellt; man hat den Punkt nur noch in den Aufriß zu bringen.

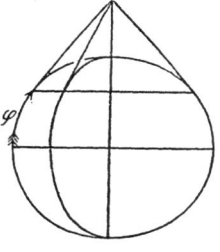

Alle Berührenden der Mittagslinien längs eines Parallelkreises sind die Erzeugenden eines Drehkegels, der die Kugel längs dieses Parallelkreises berührt. Die Randerzeugenden kann man als Berührende des Umrißkreises konstruieren; sie müssen sich auf der verlängerten Erdachse schneiden. Verbindet man die Kegelspitze mit dem Bild des Ortes, so erhält man die Berührende der Bildellipse.

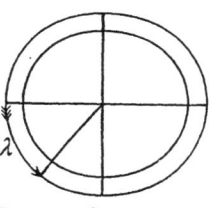

Fig. 7. Geographische Koordinaten.

IV. DIE HIMMELSKUGEL

13. Der Punkt des Himmels, der senkrecht über unserem Scheitel liegt, heißt Scheitelpunkt oder Zenit, gewöhnlich mit Z bezeichnet. Die von dem Beobachter nach dem Zenit gezogene Linie heißt Scheitellinie; senkrecht zu ihr liegt die Ebene, auf der wir stehen, der Horizont.

Anm.: Streng genommen müßte man unterscheiden: Wahrer Horizont, d. i. die durch die Erdmitte gelegte wagerechte Ebene, und scheinbarer Horizont, der mit der Berührebene der Erde zusammenfällt. Diese Unterscheidung muß besonders bei Mondbeobachtungen berücksichtigt werden; bei der Sonne und noch mehr bei Fixsternen kommt der Unterschied für weniger genaue Beobachtungen kaum in Betracht. Genau genommen müssen die von dem scheinbaren Horizont aus gemachten Beobachtungen auf den wahren Horizont „beschickt" werden.

Die Ebenen, die durch die Scheitellinie gehen, heißen Scheitelebenen und die Großkreise, die sie aus der

2*

IV. Die Himmelskugel

Himmelskugel ausschneiden, Scheitelkreise. — Der Scheitelkreis, der durch den Himmelspol geht, heißt Mittagskreis; seine Schnittpunkte mit dem Horizont sind der Nordpunkt N und der Südpunkt S. Denkt man sich ein Fernrohr auf den Nordpunkt N gerichtet, so muß man es um einen gewissen Winkel heben, um es auf den Pol P einzustellen. Dieser Winkel heißt die Polhöhe.

Satz: Die Polhöhe ist gleich der geographischen Breite.

Bew.: Die Erd- und die Himmelskugel (Fig. 8) sind perspektivähnlich aufeinander bezogen, d. h. man kann die Erde auf die Himmelskugel ähnlich abbilden, derart z. B., daß dem Nordpol der Erde der des Himmels, dem Beobachtungsort auf der Erde der Zenit entspricht. Dabei bildet sich der Abstand des Erdorts vom Nordpol in den Abstand des Zenits vom Himmelspol ab. Zu diesen beiden Bögen gehört also derselbe Mittelpunktswinkel. Nun wird der Abstand des Erdorts vom Erdpol durch die geographische Breite zu einem Rechten ergänzt, der Abstand des Zenits vom Himmelspol aber durch die Polhöhe. Daher müssen geographische Breite und Polhöhe gleich sein.

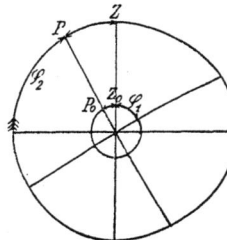

Fig. 8. Polhöhe φ_2
= geographische
Breite φ_1.

14. System des Horizonts. Die Lage eines Gestirns wird in diesem System festgelegt durch Angabe der Himmelsrichtung, in welcher das Gestirn zu finden ist, sowie des Winkels, um den man das in diese Himmelsrichtung gebrachte Fernrohr aus der wagerechten Lage heben muß, damit das Gestirn in der Sehlinie des Fernrohrs erscheint. Diesen Winkel nennt man die Höhe des Gestirns, den Winkel aber, den die Himmelsrichtung, in der das Gestirn steht, mit der Richtung nach Süden macht, die Seitenabweichung oder das Azimut. Wir bezeichnen die Höhe mit h, die Seitenabweichung mit a. Dies sind also die Koordinaten des Gestirns; weil sie auf der Kugel gemessen sind, nennt man sie sphärische Koordinaten (die geographischen Koordinaten sind ebenfalls sphärische Koordinaten).

System des Horizonts

Aufg.: Gegeben ist die **Breite** φ des Beobachtungsorts, außerdem die **Höhe** h sowie die **Seitenabweichung** a eines Gestirns, etwa der Sonne; man soll das Gestirn darstellen.

Als Bildebene (Fig. 9) wählen wir die Mittagsebene (Aufrißzeichnung). Der Mittagskreis erscheint also i. w. G. als Umriß der Himmelskugel, der Horizont als wagerechter Durchmesser des Mittagskreises; seine Enden sind der Nordpunkt N und der Südpunkt S. Die Polhöhe tragen wir am Rande i. w. G. ab, d. h. wir konstruieren den Mittelpunktswinkel φ mit dem nach N gehenden Halbmesser als Anfangsschenkel; der Endstrahl ist die Himmelsachse und schneidet den Pol P aus. Ebenso tragen wir die Sternhöhe h am Rande i. w. G. ab und legen durch den Teilpunkt einen wagerechten Kreis, den „Höhenparallel" des Gestirns. Nun wäre noch die Seitenabweichung einzutragen. Sie kann als Bogen des Horizonts gedeutet werden; wir benutzen

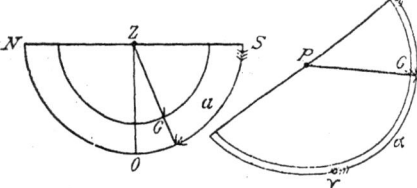

Fig. 9. Nautisches Dreieck.

daher den Horizont als Hilfstafel (Grundriß), die wir in die Aufrißtafel umklappen. Es genügt die vordere Hälfte, wenn der Stern vorn liegt, im anderen Fall die hintere Hälfte. Der Höhenparallel ist i. w. G. abzubilden, wobei der Halbmesser dem Aufriß entnommen wird. Die Mitte des Umrißkreises gilt jetzt als Bild des Zenits Z; die Rißachse als Bild des Mittagskreises. Die Scheitelkreise erscheinen nun als Durchmesser des Umrißkreises (Horizont), und die Winkel, unter denen sie sich schneiden, sieht man i. w. G. Man kann daher die Seitenabweichung a i. w. G. eintragen und erhält so den Scheitelkreis des Gestirns im Grundriß (das Grundrißbild des Scheitelkreises). Der Scheitelkreis schneidet aus dem Höhenparallel im Grundriß das Grundrißbild des Gestirns G aus, das man noch in den Aufriß zu bringen hat (man hat das zugehörige Aufrißbild zu ermitteln). Da die Verbindungslinie von Grund- und Aufrißbild senkrecht zur Rißachse steht, geht man von dem Grundrißbild senkrecht nach oben bis auf den Höhenparallel, wo das gesuchte Bild ausgeschnitten wird. Damit ist die Aufgabe gelöst. [Da die Umlegung das Aufrißbild überlastet hätte, wurde ein Grundriß gesondert hinzugefügt, obwohl die Umlegung vorzuziehen ist.]

IV. Die Himmelskugel

15. Wir zeichnen noch die Bahn des Gestirns ein; sie ist ein Kreis um die Himmelsachse. Da diese, nämlich der nach P gehende Durchmesser, in der Tafel liegt, steht der Bahnkreis auf ihr senkrecht und er erscheint somit als Gerade. Alle Bahnkreise haben die Himmelsachse zur Achse, d. h. ihre Mitten liegen auf dieser Linie und ihre Ebenen stehen senkrecht auf ihr. Wir setzen noch den Himmelsäquator ein; am Umriß sieht man dann den Abstand des Gestirns vom Äquator. Dieser Abstand wird Deklination oder Breitenabweichung genannt und mit δ bezeichnet.

Anm.: Da man jeden Kreis als Bahnkreis eines Punktes betrachten kann, kommt jedem Kreis eine Achse zu, während man in der Planimetrie gewöhnlich nur von einem Mittelpunkt spricht; die Achse liegt senkrecht zur Ebene. Die Achse eines Kreises ist also das Lot auf seiner Ebene in seiner Mitte. In vielen Fällen ist es vorteilhaft, der Achse einen Sinn und eine Länge zuzuordnen, so, daß durch einen auf dem Kreis angenommenen Drehsinn im Raum eine Schraubung festgelegt wird. Man betrachtet den Kreis von der Seite seiner Ebene, von der aus die Drehung mit dem Uhrzeiger erfolgt, und trägt die Achsenlänge auf der Achse derart ab, daß die Strecke von dem Beobachter weggerichtet ist. Denkt man sich die Achse des Kreises als solche einer Rechtsschraube, so würde sich diese bei der Drehung des Kreises in dem Sinn der Strecke verschieben. — Als Achsenlänge kann man den Kreishalbmesser wählen, wenn man den Kreis z. B. als Großkreis einer Kugel ansieht. — In der Mechanik trägt man die Winkelgeschwindigkeit in irgendeinem Maßstab auf, und man kann dann Winkelgeschwindigkeiten (nicht endliche Drehungen) wie Kräfte zusammensetzen.

Einen Stern, dessen Bahnkreis den Horizont nicht trifft, nennt man einen Zirkumpolarstern; ein solcher geht weder auf noch unter. Die Grenze der Zirkumpolarsterne bildet die Gestirnbahn durch den Nordpunkt N. Die Deklination δ dieser Bahn ergänzt die Polhöhe φ zu 90^0; sie ist also $\delta = 90^0 - \varphi$. Alle Zirkumpolarsterne gehen zweimal durch den Mittagskreis, sie haben eine untere und eine obere Kulmination. (Bei Gestirnen, die auf- und untergehen, liegt die untere Kulmination unter dem Horizont.) Finden beide Durchgänge durch den Mittagskreis über dem Nordpunkt statt, so ist die Höhe in der Kulmination $h = \varphi \pm (90^0 - \delta)$; findet die obere Kul-

Achse des Kreises — Nautisches Dreieck

mination über dem Südpunkt statt, so ist für sie die Höhe $h = 90^0 — \varphi + \delta$. Man kann also aus der bekannten Breite die Deklination finden oder auch aus der bekannten Deklination die Breite des Beobachtungsorts. Dabei ist aber wegen der atmosphärischen Strahlenbrechung an der beobachteten Höhe eine Verbesserung anzubringen; sie ist zu addieren und steigt im Horizont bis zu rund $\frac{1}{2}^0$ an, während sie in der Nähe des Zenits kaum in Betracht kommt. (Knopf S. 45.)

V. NAUTISCHES DREIECK — SEITENRISS — ASTRONOMISCHES DREIECK

16. Die Punkte Z, P, G bilden die Ecken des „Nautischen Dreiecks", so genannt, weil sich der Seemann desselben zu seinen Rechnungen bedient. Die Seiten sind leicht zu finden, denn $PZ = 90^0 — \varphi$ liegt am Rande i. w. G., $PG = 90^0 — \delta$ ist ebenfalls bereits am Rande i. w. G. dargestellt, so daß man nur noch nötig hat, das Gestirn um die Scheitellinie an den Rand zu drehen; es beschreibt dabei einen „Höhenparallel", den Ort aller Sterne gleicher Höhe; es ist $ZG = 90^0 — h$. — Von den Winkeln des nautischen Dreiecks sind die bei Z und bei P besonders wichtig. Der erstere ist bereits im Grundriß i. w. G. sichtbar, er ergänzt die Seitenabweichung a zu 180^0, es ist also $Z = 180^0 — a$.[1]) Der Winkel bei P ist von dem Gestirn seit seiner oberen Kulmination beschrieben; da sich die Gestirne mit gleichbleibender Winkelgeschwindigkeit bewegen, kann der Winkel bei P als Maß der Zeit dienen; man nennt ihn deshalb „Stundenwinkel" und bezeichnet ihn mit t (tempus = Zeit; vgl. Knopf, S. 9).

17. Um den Stundenwinkel zu finden, bedienen wir uns eines zweiten Grundrisses oder eines „Seitenrisses". Wir denken uns nämlich den in der Tafel liegenden Durchmesser des Äquators als neue Rißachse, errichten in ihr eine neue Tafel senkrecht auf der alten (Aufrißtafel) und

---

1) Hier ist das Gestirn am Westhimmel angenommen; im anderen Fall müßte man a und t im umgekehrten Sinn zählen, wenn die Formeln gültig bleiben sollen.

V. Nautisches Dreieck — Seitenriß — Astronomisches Dreieck

entwerfen auf sie ein drittes Bild der Himmelskugel, den „Seitenriß".

Auch eine auf dem Grundriß senkrechte Hilfstafel nennt man Seitenriß; er ist dann ein zweiter Aufriß, während wir auf die Äquatorebene einen zweiten Grundriß entwerfen wollen.

Der Äquator erscheint in ihm i. w. G.; der Bahnkreis ebenfalls, weil er der Seitenrißtafel parallel ist. (Man drehe zur Erleichterung die Zeichnung so, daß die Seitenrißachse wagerecht läuft, und klappe die Seitenrißtafel in dieser Stellung nach unten um, indem man wie oben zuerst nur den vorderen Halbkreis berücksichtigt.) Das Seitenrißbild des Gestirns findet man, indem man das Aufrißbild herunterlotet; denn die Verbindungslinie von Grund- und Seitenrißbild liegt senkrecht zur Seitenrißachse. Im Seitenriß ist die Mitte des Umrißkreises als Bild des Pols P, die Seitenrißachse als Mittagskreis zu betrachten, die Durchmesser aber als Seitenrißbilder der Kreise durch den Pol. Diese Kreise heißen **Deklinationskreise** oder Stundenkreise; der Mittagskreis ist also zugleich Scheitel- und Deklinationskreis. Der Stundenwinkel ist somit auch der Winkel zwischen dem Mittagskreis des Beobachtungsortes und dem Deklinationskreis des Gestirns; als solcher ist er von der Wahl des Beobachtungsorts abhängig, während die Deklination eine feste Sternkoordinate darstellt.

Über die gerade Aufsteigung und die Umrechnung des Winkels in Zeit vgl. Knopf, S. 9ff.; über die Messung der Zeit S. 19ff. sowie Baruch.

Um den Stundenwinkel zu konstruieren, bringt man den Bahnkreis in den Seitenriß, dann den Stern ebenfalls in den Seitenriß. Nun kann man den Deklinationskreis im Seitenriß eintragen, und man hat so dort den Stundenwinkel i. w. G.

Zur Vervollständigung der Figur haben wir noch die Aufrißbilder der Seiten ZG und PG zu konstruieren.

Die Seite ZG ist im Grundriß (Horizont) gezeichnet; man kennt daher ihren Schnittpunkt mit dem Horizont. Diesen bringt man in den Aufriß; er stellt den Scheitel der Bildellipse ZG im Aufriß dar.

Ganz entsprechend findet man aus dem Seitenrißbild des Deklinationskreises dessen Schnittpunkt mit dem Äquator

Seitenriß — Zeit aus der Sonnenhöhe

im Seiten- und im Aufriß und somit das Aufrißbild der Seite *PG*. Wie man sieht, liefert die Konstruktion der Winkel bei *Z* und *P* zugleich die Achsen der Bildellipsen; die Aufgabe, die letzteren zu finden, ist somit identisch mit der, die Winkel zu ermitteln, die allerdings meist rechnerisch erledigt wird.

18. Denkt man sich an die Deklinationskreise die Berührenden in den einzelnen Punkten der Bahn angelegt, so hüllen diese einen **Drehkegel** ein, dessen Spitze in der Himmelsachse liegt. Die Randerzeugenden sind Berührende des Umrißkreises; mit ihrer Hilfe ermittelt man die Kegelspitze, um diese dann mit *G* zu verbinden. Man erhält so die Berührende der Bildellipse. — Ganz entsprechend verfährt man bei dem Höhenparallel, um die Berührende des Höhenparallels zu finden.

Aufg.: Gegeben seien zwei Erdorte P_1, P_2 durch ihre geographischen Koordinaten; man soll ihre Entfernung suchen sowie den Kurswinkel für P_1 als Ausgangspunkt (Fig. 9a). — Man wähle die Mittagsebene von P_1 als Tafel und trage beide Orte ein; dann drehe man den Bogen P_1P_2 um den nach P_1 gehenden Erddurchmesser an den Rand nach P_1P_0. Der Kurswinkel *w* erscheint in einem Seitenriß i. w. G., den man senkrecht zu dem nach P_1 gehenden Erddurchmesser legt; in der Fig. ist lediglich eine Umlegung vorgenommen. (Man betrachte P_1 als Himmelspol, dann stellt die Umlegung den Himmelsäquator dar.) Der Drehkegel liefert die Berührende in P_2.

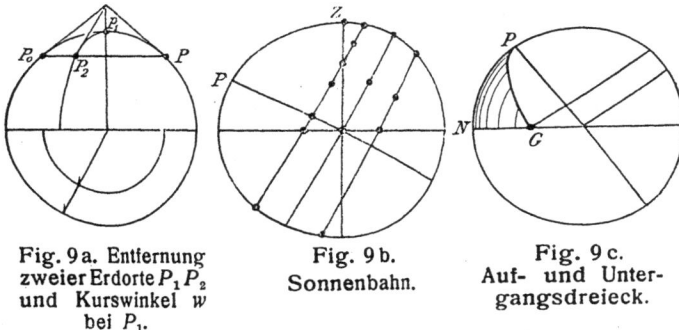

Fig. 9a. Entfernung zweier Erdorte P_1P_2 und Kurswinkel *w* bei P_1.

Fig. 9b. Sonnenbahn.

Fig. 9c. Auf- und Untergangsdreieck.

19. Aufg. 1: Zeitbestimmung aus der Sonnenhöhe. Gegeben sei die geographische Breite φ des Beobachtungsorts (z. B. aus einer genauen Karte), die Sonnendeklination δ und die Sonnenhöhe *h*. Gesucht die Zeit *t* der Beobachtung (zur Prüfung der

V. Nautisches Dreieck — Seitenriß — Astronomisches Dreieck

benutzten Uhr). — Wir verfahren wie oben (Nr. 14) und konstruieren den Mittagskreis, Horizont und Zenit sowie Äquator und Pol; die Sternhöhe tragen wir am Rande vom Horizont aus ab und legen den Höhenparallel; ebenso tragen wir die Deklination δ am Rande vom Äquator aus ab und ziehen den Bahnkreis. Beide Kreisebenen schneiden sich in einer Geraden, die auf der Tafel senkrecht steht und daher als Punkt erscheint. Die Ecken des Dreiecks wären also gefunden, und die noch fehlenden Stücke werden genau so ermittelt wie oben. — Es ergeben sich zwei Dreiecke, die zur Tafel spiegelig liegen; welches zu nehmen ist, weiß man, da man entweder am Vormittag, also am Osthimmel, oder am Nachmittag, am Westhimmel beobachtet hat. Da die Aufgabe doppeldeutig ist, kann sie zwei zusammenfallende Lösungen liefern, wenn das Gestirn in der Kulmination beobachtet wäre (für die Bestimmung der Zeit ungeeignet), oder auch zwei konjugiert-komplexe. Letzteres tritt dann ein, wenn die auf der Tafel senkrechte Schnittgerade beider Kreisebenen außerhalb der Kugel liegt. Nichtsdestoweniger haben die beiden imaginären Schnittpunkte ein gemeinsames reelles Bild.[1)]
Während vorher das Dreieck durch zwei Seiten und den Zwischenwinkel bestimmt war, ist es jetzt aus den Seiten gefunden.

Aufg. 2: Schätze in Fig. 9b die Polhöhe, die Neigung der Bahnkreise und für die eingezeichneten Sternörter die Seitenabweichung, die Höhe, die Deklination und den Stundenwinkel sowie die Winkel des nautischen Dreiecks bei Z und P; sind diese stets gleichartig bezüglich 90°? Beachte, daß die Bildpunkte auch hinter der Tafel liegen können!

20. Das astronomische Dreieck und das System der Ekliptik.
Vorbem.: Dieser Abschnitt (Nr. 20 u. 21) kann bei der ersten Bearbeitung wegbleiben.

Bei Aufgaben, bei denen die Stellung der Gestirne zur Sonne in Betracht kommt, braucht man ein weiteres Koordinatensystem, das der Ekliptik. Die Ekliptik ist die scheinbare Sonnenbahn oder, was dasselbe besagt, die wahre Erdbahn. Beobachtet man die Mittagshöhe der Sonne das eine Mal zur Zeit der Sommer-, das andre Mal zur Zeit der Wintersonnenwende, so erhält man einen Höhenunter-

---

1) Berechnet man für zwei Punkte der Kugelfläche, die ein gemeinsames Bild haben, die Abstände von der Tafel, so fallen diese entgegengesetzt gleich aus. Liegt das Bild außerhalb des Umrisses, so werden die Abstände rein imaginär. Man ist daher berechtigt, auch solche Punkte als Bilder von Punkten der Kugeloberfläche aufzufassen, wenn man imaginäre Punkte anerkennt. So vermeidet man, die als Bilder von Kugelkreisen auftretenden Geraden am Umriß abbrechen zu müssen.

Astronomisches Dreieck

schied, dessen Hälfte den größten Abstand der Sonne vom Äquator darstellt. (Das Mittel beider wäre die Äquatorhöhe, die durch die Polhöhe zu 90⁰ ergänzt wird, so daß man diese aus jener finden kann.) Dieser größte Abstand heißt die „Schiefe der Ekliptik" ε; er beträgt etwa 23¹/₂⁰ (Fig. 10).

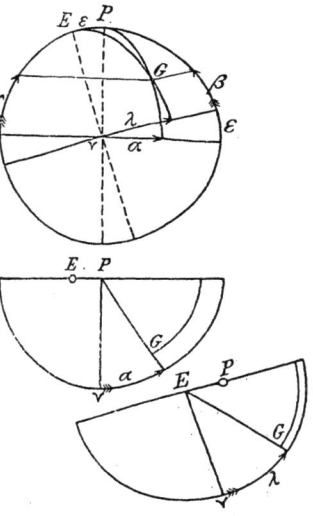

Da die Sonnenbahn ein Großkreis ist, schneidet sie den Äquator in zwei Gegenpunkten. Derjenige derselben, in dem die Sonne von der südlichen auf die nördliche Hälfte übergeht, wird der Frühlingspunkt ♈ genannt, weil sich die Sonne bei Frühjahrsanfang dort befindet. Nun bleibt die Sonne täglich etwa 4 Zeitminuten hinter der Bewegung des Fixsternhimmels zurück; der Bogen, um den sie auf ihrer Bahn vom Frühlingspunkt sich entfernt hat, heißt ihre „astronomische Länge" λ. Der Bogen, den der Deklinationskreis der Sonne aus dem Himmelsäquator ausschneidet, vom Frühlingspunkt aus gerechnet, heißt die gerade Aufsteigung α; λ und α werden der täglichen Bewegung entgegen gerechnet.

Fig. 10. Astronomisches Dreieck.

Die gerade Aufsteigung eines Gestirns dient zusammen mit der Deklination zur Bestimmung des Gestirns im System des Äquators, indem man den Stundenwinkel t durch die Größe α ersetzt; letztere ist nämlich ebenso wie δ unabhängig von dem Beobachtungsort, was bekanntlich für den Winkel t nicht zutrifft.

21. Im System der Ekliptik ist die Sonne durch ihre Länge allein bestimmt, da sie eben auf der Ekliptik läuft. Ein anderes Gestirn G bedarf noch einer zweiten Koordi-

28 V. Nautisches Dreieck — Seitenriß — Astronomisches Dreieck

nate, der „astronomischen Breite" β. Legt man nämlich durch den Pol E der Ekliptik den Großkreis nach dem Gestirn G, den „Breitenkreis", so schneidet dieser aus der Ekliptik ein von dem Frühlingspunkt Υ zu rechnendes Stück aus, die Länge λ, während die Entfernung des Gestirns von der Ekliptik die astronomische Breite β genannt wird. Der Ort der Sterne gleicher Breite heißt Breitenparallele. (Die Mondphasen ergeben sich aus dem Längenunterschied dieses Gestirns und der Sonne: wir haben erstes Viertel, Vollmond, letztes Viertel oder Neumond, je nachdem die Länge des Mondes die der Sonne um 90^0, 180^0, 270^0 oder 0^0 übertrifft.)

Die Punkte P, E, G sind die Ecken des „astronomischen Dreiecks" (Fig. 10). Dieses Dreieck hat mit dem nautischen die Seite $PG = 90^0 - \delta$ gemein, die Seite $PE = \varepsilon$; denn denkt man sich die Achse der Ekliptik mit dieser starr verbunden, so geht die Sonnenbahn mit ihrer Achse aus dem Äquator mit seiner Achse durch eine Drehung um den nach dem Frühlingspunkt gehenden Halbmesser im Betrag ε hervor. Die dritte Seite wird durch den Abstand des Gestirns von der Ekliptik zu 90^0 ergänzt; sie ist also $EG = 90^0 - \beta$.

Die gerade Aufsteigung α und die Länge λ durchlaufen gleichzeitig die Werte 90^0 und 270^0; die Winkel des astronomischen Dreiecks bei P und E hängen je nach dem Quadranten, in dem sie liegen, in verschiedener Weise von α und λ ab; es ist (siehe Fig. 10a):

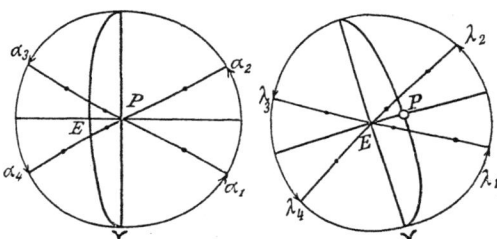

Fig. 10a. Winkel im astronomischen Dreieck.

$\sphericalangle P_1 = 90^0 + \alpha_1$, $\sphericalangle P_{2.3} = 270^0 - \alpha_{2.3}$, $\sphericalangle P_4 = \alpha_4 - 270^0$;
$\sphericalangle E_1 = 90^0 - \lambda_1$, $\sphericalangle E_{2.3} = \lambda_{2.3} - 90^0$, $\sphericalangle E_4 = 450^0 - \lambda_4$.

Ekliptiksystem — Koordinaten im Raum

Die Aufgaben über das astronomische Dreieck entsprechen ganz denen über das nautische.

Aufg.: Für welche der in Fig. 10 a eingezeichneten Sternörter ist der Winkel bei E spitz, der bei P aber stumpf, für welche ist der Winkel bei P spitz, der bei E aber stumpf?

VI. SPHÄRISCHE TRIGONOMETRIE

22. Die sphärische Trigonometrie ermittelt das, was wir seither zeichnerisch gefunden haben, durch Rechnung. Sie bedient sich dabei der Koordinaten wie die analytische Geometrie. Während aber die analytische Geometrie des Raumes drei Koordinaten nötig hat, kommt man auf der Kugelfläche mit zweien aus, z. B. im System des Horizonts mit Seitenabweichung und Höhe. Im Raum wäre noch die Angabe des Kugelhalbmessers $OG = r$ nötig. Die Zahlen a, h, r werden Polarkoordinaten genannt; die Kugelmitte O gilt als Koordinatenursprung. Häufiger verwendet man „rechtwinklige Koordinaten" so, wie man schon in der Ebene die Lage eines Punktes durch seine Koordinaten x, y festlegt; natürlich ist im Raum eine dritte Koordinate nötig, die man z nennt, und deren Achse man gewöhnlich senkrecht aufwärts annimmt. In dem angezogenen Beispiel (Fig. 11) bietet sich die Scheitellinie als geeignete z-Achse, während wir die y-Achse wagerecht, nach dem Südpunkt gerichtet,

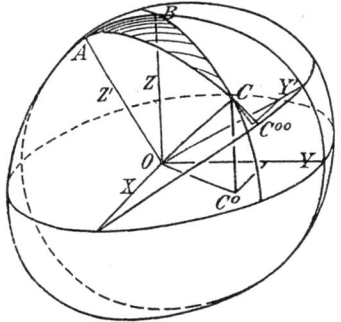

Fig. 11. Koordinaten im Raum.

annehmen, die x-Achse also senkrecht zur Aufrißtafel nach vorne, besser nach West. Um die Koordinaten xyz zu erhalten, hat man den Fahrstrahl des betreffenden Punktes auf die Achsen zu loten. Bezeichnen wir der Allgemeinheit halber die Ecken unseres Dreiecks statt mit PZG jetzt mit ABC, seine Seiten mit a, b, c und die Winkel mit α, β, γ, so bildet der Fahrstrahl $\overline{OC} = \bar{r}$ mit der (xy)-Ebene

VI. Sphärische Trigonometrie

den Winkel $90°-a$; daher wird das Lotbild $\overline{OC^0}$ von $\overline{OC}$ auf diese Ebene: $\overline{OC^0} = \bar{r} \cdot \sin a$.[1])
Da $\overline{OC^0}$ mit der y-Achse den Winkel $180°-\beta$ bildet, wird $\bar{y} = -\bar{r} \cdot \sin a \cdot \cos \beta$. $\bar{x}$ ist das Lotbild von $\overline{OC^0}$ auf die x-Achse, also ist $\bar{x} = \bar{r} \cdot \sin a \cdot \sin \beta$. Da $\overline{OC}$ mit der z-Achse den Winkel a bildet, ist $\bar{z} = \bar{r} \cdot \cos a$.

23. Das System des Äquators entsteht aus dem des Horizonts durch Drehung um die x-Achse, u. z. um dem Winkel c. Die Himmelsachse, jetzt mit OA bezeichnet, ist die neue z'-Achse; die y'-Achse ist ebenfalls um den Winkel c gegen die y-Achse gedreht, während x' mit x zusammenfällt. Um die neuen Koordinaten $\bar{x}'\ \bar{y}'\ \bar{z}'$ zu erhalten, lotet man wieder den Fahrstrahl $\overline{OC} = \bar{r}$ jetzt auf die (x', y')-Ebene; der Neigungswinkel ist $90°-b$, daher das Lotbild $\overline{OC^{00}} = \bar{r} \cdot \sin b$; die Neigung dieses Bildes gegen die Aufrißtafel ist α; daher wird $\bar{y}' = \bar{r} \cdot \sin b \cdot \cos \alpha$ und $\bar{x}' = \bar{r} \cdot \sin b \cdot \sin \alpha$; endlich $\bar{z}' = \bar{r} \cdot \cos b$. Unsere Aufgabe besteht nun darin, den Zusammenhang zwischen diesen beiden Koordinatensystemen zu finden. Zu diesem Zweck erinnern wir uns daran, daß der Fahrstrahl $\overline{OC} = \bar{r}$ auf zwei Arten in eine geometrische Summe von drei Fahrstrahlen zerlegt ist, die wechselweise aufeinander senkrecht stehen, nämlich: $\overline{OC} = \bar{r} = \bar{x} + \bar{y} + \bar{z} = \bar{x}' + \bar{y}' + \bar{z}'$. Um die alten Koor-

---

[1] Die Striche über den Buchstaben bedeuten, daß nicht allein die Längen gemeint sind, sondern wie beim Kräfteparallelogramm **gerichtete Strecken**, Fahrstrahlen, „**Vektoren**" (siehe Peters). Wie man nun an Stelle des Kräfteparallelogramms das Kräftedreieck mit Nutzen verwendet und seine Schlußlinie als „**geometrische Summe**" der Einzelkräfte bezeichnet, während das Parallelogramm den Beweis für die Vertauschbarkeit der Summanden enthält, so genügen im Raum die Vektoren $\bar{x}$, $\bar{y}$, $\bar{z}$; der Quader aber, der diese zu Kanten und $\overline{OC} = \bar{r}$ zur Diagonale hat, enthält den Beweis für die Vertauschbarkeit der Summanden in der Summe $\bar{r} = \bar{x} + \bar{y} + \bar{z}$. Bilde diese Summe unter allen möglichen Vertauschungen! — Die Rechnung mit Vektoren verläuft im Gebiet der Addition und Subtraktion nach den Regeln, die für Zahlen gelten; anders in dem der Multiplikation und Division. — In der Gleichung $\overline{OC^0} = \bar{r} \cdot \sin a$ bedeutet $\bar{r}$ einen Vektor, $\sin a$ aber eine Zahl; ebenso sind die Polarkoordinaten r, h, a als Zahlen gedacht, also r als Maßzahl für die Länge. Oft schreibt man die Vektoren in deutschen Buchstaben, also $\bar{r} = \mathfrak{r}$, $\bar{x} = \mathfrak{x}$ usw.

Vektoren — Grundformeln

dinaten durch die neuen auszudrücken, ist es nur nötig, den zweiten Streckenzug auf die x-Achse, auf die y-Achse und auf die z-Achse zu loten, und man erhält so:

$$\overline{y} = \overline{y'} \cdot \cos c - \overline{z'} \cdot \sin c; \quad \overline{z} = \overline{y'} \cdot \sin c + \overline{z'} \cdot \cos c; \quad \overline{x} = \overline{x'}.$$

24. Geht man zu Polarkoordinaten über, d. h. setzt man die Werte für $\overline{x}, \overline{y}, \overline{z}$ sowie die für $\overline{x'}, \overline{y'}, \overline{z'}$ ein, so fällt $\overline{r}$ beiderseits weg ($\overline{r} = 1$ zu setzen, ist nicht streng richtig, weil $\overline{r}$ ein Vektor, 1 aber eine Zahl ist), und man erhält in den folgenden Zahlengleichungen die allgemeinen Grundformeln der sphärischen Trigonometrie:

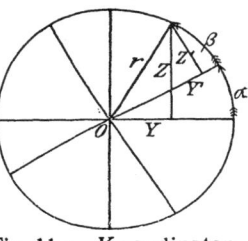

Fig. 11 a. Koordinaten in der Ebene.

(1) $-\sin a \cdot \cos \beta = \sin b \cdot \cos c \cdot \cos \alpha - \cos b \cdot \sin c,$

$\sin a \cdot \sin \beta = \sin b \cdot \sin \alpha,$ oder:

(2) $\sin a : \sin \beta = \sin a : \sin b$, der „Sinussatz", und

(3) $\cos a = \cos b \cdot \cos c + \sin b \cdot \sin c \cdot \cos \alpha,$

der Kosinussatz I für die Seiten; s. u. Formel (4).

Anm.: Die oben benutzten Formeln für die Drehung eines räumlichen Koordinatensystems entsprechen genau denen der Ebene, sofern man (Fig. 11 a) ein rechtwinkliges System (y, z) in ein anderes (y', z') um den Winkel α dreht. Lotet man auch hier den Streckenzug $\overline{r} = \overline{y'} + \overline{z'}$ der Reihe nach auf die y- und z-Achse, so erhält man die Gleichungen:

$$\overline{y} = \overline{y'} \cdot \cos \alpha - \overline{z'} \cdot \sin \alpha \quad \text{und} \quad \overline{z} = \overline{y'} \cdot \sin \alpha + \overline{z'} \cdot \cos \alpha;$$

ersetzt man auch hier die rechtwinkligen Koordinaten durch Polarkoordinaten, nämlich im neuen System r / β, im alten $r/(\alpha + \beta)$ vermöge der Gleichungen:

$$\overline{y} = \overline{r} \cdot \cos (\alpha + \beta), \quad \overline{y'} = \overline{r} \cdot \cos \beta,$$
$$\overline{z} = \overline{r} \cdot \sin (\alpha + \beta), \quad \overline{z'} = \overline{r} \cdot \sin \beta,$$

so fällt $\overline{r}$ beiderseits weg, und man erhält die goniometrischen Formeln:

$$\cos (\alpha + \beta) = \cos \alpha \cdot \cos \beta - \sin \alpha \cdot \sin \beta,$$
$$\sin (\alpha + \beta) = \sin \alpha \cdot \cos \beta + \cos \alpha \cdot \sin \beta.$$

Die vorstehenden Beweise haben den Vorzug der Allgemeingültigkeit, da irgendwelche Voraussetzungen über die Größe der Stücke nicht gemacht werden. (Vgl. Hammer, bes. Anm. 109.)

VI. Sphärische Trigonometrie

Zu diesen Grundformeln kommt später noch der dem angeführten „duale" Satz (Kosinussatz II für die Winkel):

(4) $\cos \alpha = - \cos \beta \cdot \cos \gamma + \sin \beta \cdot \sin \gamma \cdot \cos a$

(vgl. Nr. 38). Mittels dieser vier Formeln kann man jede Dreiecksaufgabe lösen; wir kommen meist mit (2) und (3) aus.

Anm.: Ähnlich wie in der ebenen Trigonometrie entwickelt man aus den „Grundformeln" logarithmierbare Formeln, deren wichtigste hier ohne Beweis mitgeteilt seien.

Delambresche Gleichungen:

(I) $\dfrac{\sin \dfrac{\alpha - \beta}{2}}{\cos \dfrac{\gamma}{2}} = \dfrac{\sin \dfrac{a - b}{2}}{\sin \dfrac{c}{2}}$,   (II) $\dfrac{\cos \dfrac{\alpha - \beta}{2}}{\sin \dfrac{\gamma}{2}} = \dfrac{\sin \dfrac{a + b}{2}}{\sin \dfrac{c}{2}}$,

(III) $\dfrac{\sin \dfrac{\alpha + \beta}{2}}{\cos \dfrac{\gamma}{2}} = \dfrac{\cos \dfrac{a - b}{2}}{\cos \dfrac{c}{2}}$,   (IV) $\dfrac{\cos \dfrac{\alpha + \beta}{2}}{\sin \dfrac{\gamma}{2}} = \dfrac{\cos \dfrac{a + b}{2}}{\cos \dfrac{c}{2}}$.

Nepersche Gleichungen:

(V) $\operatorname{tg} \dfrac{\alpha + \beta}{2} = \dfrac{\cos \dfrac{a - b}{2}}{\cos \dfrac{a + b}{2}} \cdot \operatorname{cotg} \dfrac{\gamma}{2}$,

(VI) $\operatorname{tg} \dfrac{a + b}{2} = \dfrac{\cos \dfrac{\alpha - \beta}{2}}{\cos \dfrac{\alpha + \beta}{2}} \cdot \operatorname{tg} \dfrac{c}{2}$,

(VII) $\operatorname{tg} \dfrac{\alpha - \beta}{2} = \dfrac{\sin \dfrac{a - b}{2}}{\sin \dfrac{a + b}{2}} \cdot \operatorname{cotg} \dfrac{\gamma}{2}$,

(VIII) $\operatorname{tg} \dfrac{a - b}{2} = \dfrac{\sin \dfrac{\alpha - \beta}{2}}{\sin \dfrac{\alpha + \beta}{2}} \cdot \operatorname{tg} \dfrac{c}{2}$.

ϱ-Formeln: (IX) $\operatorname{tg} \dfrac{a}{2} = \dfrac{\operatorname{tg} \varrho}{\sin (s - a)}$,

Abgeleitete Formeln — Sonderfälle

(XI) $\quad \operatorname{tg} \varrho = \sqrt{\dfrac{\sin(s-a)\cdot \sin(s-b)\cdot \sin(s-c)}{\sin s}}$,

(XIII) $\quad s = \tfrac{1}{2}(a+b+c)$.

r-Formeln: (X) $\quad \operatorname{cotg} \dfrac{a}{2} = \dfrac{\operatorname{cotg} r}{\cos(\sigma-\alpha)}$,

(XII) $\quad \operatorname{cotg} r = \sqrt{-\dfrac{\cos(\sigma-\alpha)\cdot \cos(\sigma-\beta)\cdot \cos(\sigma-\gamma)}{\cos \sigma}}$,

(XIV) $\quad \sigma = \tfrac{1}{2}(\alpha+\beta+\gamma)$.

Anm. 1: Ich halte es für zweckmäßig, den Übergang von einem Koordinatensystem zu einem anderen als ,,Grundaufgabe" aufzufassen, die anderen Dreiecksaufgaben aber als Umkehrungsaufgaben zu behandeln. Diese Unterscheidung tritt nicht immer klar zutage, so z. B. nicht in der Aufgabe, aus den geographischen Koordinaten zweier Punkte M und P deren Abstand und den Kurswinkel zu ermitteln. Hier scheinen die beiden Punkte M und P völlig gleichberechtigt aufzutreten; sie sind es in Wahrheit nicht, denn der Seemann befindet sich etwa in M, nicht in P; der Kurswinkel in P kommt für ihn nicht in Betracht. Die Grundaufgabe tritt aber sofort hervor, wenn man die Forderung wie folgt faßt: Man soll im Punkt M die Berührebene an die Kugel legen und auf sie eine Karte entwerfen, für die zunächst die sphärischen Koordinaten des ,,Netzpunktes" P (des Schnittpunktes zweier Netzlinien) für M als Koordinatenursprung zu ermitteln sind. Hier handelt es sich offenbar um die Überführung eines Koordinatensystems in ein anderes, also um eine Abbildung.

Anm. 2: Grundformel (1) enthält 5 Stücke, von denen 3 das Dreieck bestimmen; daher enthält sie zwei Unbekannte. Um eine derselben zu eliminieren, teilen wir beide Seiten durch $\sin b$ und benutzen: $\sin a : \sin b = \sin \alpha : \sin \beta$;

dann ergibt sich:

(5) $\quad \sin \alpha \cdot \operatorname{cotg} \beta = \operatorname{cotg} b \cdot \sin c - \cos c \cdot \cos \alpha$.

Diese Formel enthält 4 Stücke, die im Dreieck aufeinander folgen: b, α, c, β.

25. Wir wollen nun die Grundformeln auf das rechtwinklige Dreieck anwenden ($\gamma = 90°$):

Der Sinussatz ergibt:

$$\sin \alpha = \sin a : \sin c,$$

der Kosinussatz I f. d. Seiten liefert:

$$\cos c = \cos a \cdot \cos b;$$

VI. Sphärische Trigonometrie

der Kosinussatz II f. d. Winkel führt in der Form:
$$\cos \alpha = -\cos\beta \cdot \cos\gamma + \sin\beta \cdot \sin\gamma \cdot \cos a$$
auf: $\quad\cos \alpha : \sin \beta = \cos a$.

Die Formel (5) liefert in der Form:
$$\sin a \cdot \cotg \gamma = \cotg c \cdot \sin b - \cos b \cdot \cos \alpha$$
die Gleichung: $\quad\cos \alpha = \tg b : \tg c$,
in der Form:
$$\sin \gamma \cdot \cotg \alpha = \cotg a \cdot \sin b - \cos b \cdot \cos \gamma$$
führt sie auf: $\quad\tg a = \tg \alpha : \sin b$.

Der Kosinussatz II für die Winkel in der Form:
$$\cos \gamma = -\cos \alpha \cos \beta + \sin \alpha \cdot \sin \beta \cdot \cos c$$
liefert: $\quad\cotg \alpha \cdot \cotg \beta = \cos c$.

26. Um diese Formeln zu veranschaulichen, entwerfen wir ein Bild des rechtwinkligen Dreiecks samt Mittelpunktecke und Ebene des Neigungswinkels α (Fig. 12). Die Katheten legen wir in die Grund- und Aufrißebene; die Hypotenusenebene liegt also schief. Der Winkel α liege der Grundrißebene an, so daß die Gegenkathete a in den Aufriß fällt. Das Lotbild würde die Ankathete als Gerade erscheinen lassen; deshalb nehmen wir ausnahmsweise zum Schrägbild unsere Zuflucht, die Aufrißebene als Tafel benutzend. Der die Ankathete tragende Kreis erscheint als Ellipse,

Fig. 12. Rechtwinkliges Dreieck mit Neigungsebene (Schrägbild).

die bestimmt ist durch den in der Tafel liegenden Kugelhalbmesser OC und das Bild des zur Tafel senkrechten Halbmessers (letzterer fehlt in der Figur). Wir nehmen an, daß dieser im Bilde einen Winkel von 45° mit der Rißachse bildet[1]) und im Verhältnis 2:3 verkürzt ist. Eine Schablone kann uns gute Dienste leisten, wenn wir sorgfältig darauf achten, daß die Kugelmitte O genau in die Mitte der Schablone eingesetzt, und daß der Kugelhalbmesser dem in der Rißachse liegenden Schablonenhalbmesser OC gleich gewählt wird. — Die in der Tafel liegende Kathete a erscheint als Kreisbogen CB i. w. G.; sie möge spitz angenommen werden, ebenso wie die Kathete b, die als Ellipsenbogen CA erscheint. Die Hypotenuse zeichnen wir später ein; zunächst suchen wir die Neigungsebene des Winkels α. Sie steht senkrecht auf der Kante OA, die durch den Punkt A gelegte Neigungsebene ist somit Berührende der Kugel. Sie schneidet den Grundriß in der Berührenden des Bogens AC, in der Geraden AC^0, die Aufrißebene aber in einem Lot C^0B^0 des Grundrisses, das zugleich ein Lot der Rißachse ist und den Strahl OB in B^0 treffen möge. Denn die Neigungsebene steht auf einer Geraden OA des Grundrisses senkrecht, also auf dem Grundriß; da der Aufriß ebenfalls auf dem Grundriß senkrecht steht, schneiden sich die beiden Lotebenen in einem Lot des Grundrisses. Hier wird die Wechselbeziehung des Senkrechtstehens im Raum benutzt: dreht sich eine Ebene um das Lot einer anderen Ebene, so ist sie stets senkrecht auf dieser und umgekehrt: zwei Ebenen, die auf einer dritten senkrecht stehen, schneiden sich in einem Lot dieser Ebene. Daher ist die Aufrißspur der Neigungsebene das Lot B^0C^0 der Rißachse. Da die Verbindungslinie AB^0 Schenkel des Neigungswinkels ist, ist sie zugleich Berührende des Bogens AB. Um die Berührende desselben Bogens in B zu finden, legen wir dort die Kugelberührebene. Sie schneidet den Aufriß in der Berührenden BC' des Kreises BC, den Grundriß aber in der Geraden $C'A'$, die durch den Spurpunkt C' parallel zur Berührenden des Bogens CA in C gelegt ist. Die Spur schneidet aus der

---

[1] Der Winkel von 45° ist für die Schablone deshalb zweckmäßig, weil sie bei dieser Wahl, umgeklappt, auch als Bild des auf beiden Tafeln senkrechten Kreises dienen kann. Natürlich muß auf der Schablone das Durchmesserpaar eingetragen sein, durch das die Ellipse bestimmt ist.

VI. Sphärische Trigonometrie

Kante OA einen Punkt A' aus, dessen Verbindungslinie mit B die gesuchte Berührende des Bogens BA in B ist; dieser kann jetzt eingezeichnet werden. — Wir legen durch B die Ebene, die zur Berührebene in A parallel ist, und auch diese wird von den Kanten in den Ecken BA_0C_0 eines Neigungsdreiecks geschnitten.
Denkt man sich der Einfachheit halber $OB = 1$, so ist $OA_0 = \cos c$; da aber $OC_0 = \cos a$ unter dem Winkel b auf OA nach OA_0 gelotet ist, so ist $OA_0 = \cos a \cdot \cos b$; mithin:

$$\cos c = \cos a \cdot \cos b.$$

Da ferner $BC_0 = \sin a$, findet man in dem Neigungsdreieck:

$$\sin \alpha = \sin a : \sin c.$$

Das in A angelegte Neigungsdreieck liefert für $OA = 1$:

$$\cos \alpha = \operatorname{tg} b : \operatorname{tg} c.$$

Verschiebt man es aber nach C oder setzt man den Abschnitt auf $OC_0 = 1$, so folgt:

$$\operatorname{tg} \alpha = \operatorname{tg} a : \sin b.$$

Diejenigen Formeln des rechtwinkligen Dreiecks, die zwei Winkel enthalten, folgen aus den obigen durch zweckmäßige Verknüpfung:

$$\operatorname{cotg} \alpha \cdot \operatorname{cotg} \beta = \cos c$$

und

$$\cos \alpha : \sin \beta = \cos a.$$

Aufg.: Welche Werte ergeben sich für die Ausdrücke linker Hand im ebenen rechtwinkligen Dreieck?

Anm. 1: Diese Betrachtung ist der meist gebrauchten Neperschen Regel als Gedächtnishilfe vorzuziehen. Nepers Regel lautet: Der Kosinus eines Stückes ist gleich dem Produkt der Kotangenten der benachbarten und gleich dem Produkt der Sinus der getrennten Stücke, wenn man für die Katheten ihre Komplemente setzt und den rechten Winkel nicht mitrechnet.

Aufg.: Wie gestaltet sich die obige Figur, wenn die Stücke nicht spitz gewählt werden? Was ergibt sich, wenn $b = 90°$ ist, für c und für $\cos \alpha$, was für a und α? Wie gestaltet sich in diesem Fall die Figur?

Anm. 2: Um den Zusammenhang zwischen den Formeln der sphärischen und der ebenen Trigonometrie herzustellen, muß man alle Stücke im Bogenmaß (Nr. 4.) ausdrücken und berücksichtigen, daß die Seiten des ebenen Dreiecks als unendlich kleine Großkreisbögen betrachtet werden können, während die Winkel endlich bleiben. Sind die Seitenlängen eines als eben

Rechtwinkliges Dreieck — „Dreiecksaufgaben"   37

betrachteten geodätischen Dreiecks zu x, y, z gemessen, so sind die zugehörigen Bögen, falls man den Erdhalbmesser mit R bezeichnet, $a = x : R$, $b = y : R$, $c = z : R$. Weil diese Bögen als unendlich klein gelten, kann man setzen: $\sin a = x : R$,... und $\cos a = \sqrt{1 - \sin^2 a} = \sqrt{1 - (x : R)^2} = 1 - \frac{1}{2}(x : R)^2$,....
Dann geht der Sinussatz in den der ebenen Trigonometrie über, der Kosinussatz liefert bei Vernachlässigung der höheren als der zweiten Potenz der Größen $x : R$, ... nach Multiplikation mit R^2 den Kosinussatz der ebenen Trigonometrie.

Aufg.: Was liefert der Kosinussatz für die Winkel?

27. Rechnerische Behandlung der Dreiecksaufgaben. 1. Um ein Dreieck aus **zwei Seiten und dem eingeschlossenen Winkel** zu berechnen, wird man, sofern man sich auf die Grundformeln beschränkt, zunächst die dritte Seite mittels des Kosinussatzes I berechnen und die fehlenden Winkel mit dem Sinussatz. Bei Anwendung des letzteren ist stets Vorsicht am Platze, weil sowohl die Winkel wie die Seiten doppeldeutig sind; bei angewandten Aufgaben weiß man allerdings meist, ob man den spitzen oder den stumpfen Winkel zu nehmen hat. Im Zweifelfall wendet man die folgenden Sätze an, die leicht zu beweisen sind:

a) Im rechtwinkligen Dreieck ist jede Kathete gleichartig mit ihrem Gegenwinkel in bezug auf 90^0, d. h. sie sind beide spitz, recht oder stumpf.

b) In demselben Sinn ist in jedem Dreieck die Summe zweier Seiten gleichartig mit der Summe ihrer Gegenwinkel bezüglich 180^0.

[Will man die Unterbrechung der logarithmischen Rechnung vermeiden, so wendet man die Neperschen Gleichungen an, u. z. V u. VII, um aus a, b, γ die Größen $\frac{1}{2}(\alpha + \beta)$ und $\frac{1}{2}(\alpha - \beta)$ zu finden; die fehlende Seite ergibt sich dann aus dem Sinussatz.]

Beisp.: Um aus der geographischen Breite φ, der **Höhe** h eines Gestirns und aus seiner **Seitenabweichung** a die Größen δ und t zu finden, stellen wir den Kosinussatz für die Seite $90^0 - \delta$ auf und erhalten:

$$\sin \delta = \sin \varphi \cdot \sin h + \cos \varphi \cdot \cos h \cdot \cos(180^0 - a)$$

oder $\sin \delta = \sin \varphi \cdot \sin h - \cos \varphi \cdot \cos h \cdot \cos a$.

Der Sinussatz liefert t wie folgt:

$$\sin t = \frac{\cos h \cdot \sin a}{\cos \delta}.$$

VII. Beispiele rechtwinkliger Dreiecke

Aufg.: Wie gestaltet sich die Rechnung, wenn δ negativ ist? (Setze $\delta = -\delta'$; $\cos \delta = ?$; $\sin \delta = ?$) Wie, wenn a stumpf ist? (Ersetze a durch $a' = 180° - a$!)

2. Ist ein Dreieck durch seine Seiten gegeben, so liefert der Kosinussatz I die fehlenden Winkel. Bequemer wäre allerdings die Anwendung der ϱ-Formeln: man bildet zuerst s, $s-a$, ..., dann tg ϱ und schließlich tg $\tfrac{1}{2}\alpha$, ...

Beisp.: Aus der geogr. Breite φ, der Sonnenhöhe h und der Breitenabweichung δ der Sonne ist der Stundenwinkel t zu berechnen. Der Kosinussatz I liefert, nach $\cos t$ aufgelöst:

$$\cos t = \frac{\sin h - \sin \varphi \cdot \sin \delta}{\cos \varphi \cdot \cos \delta}.$$

Dabei hat man natürlich das Vorzeichen von δ sowie die der trigonometrischen Funktionen zu beachten.
(Die Behandlung der fehlenden Aufgaben folgt später Nr. 37.)

VII. BEISPIELE RECHTWINKLIGER DREIECKE

28. Aufg. 1: Ein Gestirn wird genau im Westen beobachtet, u. z. in der Höhe h; die geographische Breite sei φ; gesucht δ, t. — In dieser Stellung ist die Höhe genau zu bestimmen, weil sie sich stark ändert. Der Winkel bei Z ist 90°, der Bogen ZG erscheint geradlinig. (Figur und Rechnung!)

Aufg. 2: Wo steht die Sonne um 6 Uhr abends (wahrer Ortszeit), wenn φ und δ gegeben sind? Das nautische Dreieck ist bei P rechtwinklig, der Bogen PG erscheint geradlinig. (Figur und Rechnung!)

Aufg. 3: Wie lange dauert der längste Tag unter der Breite φ, wenn $\delta = 23\tfrac{1}{2}°$ angenommen wird? — Die Dauer des halben Tages ist der Stundenwinkel der untergehenden Sonne. Es ist also hier $h = 0$, die Sonne steht im Horizont, die Seite $ZP = 90°$. Der Rechner benutzt zuweilen das „Auf- und Untergangsdreieck" PNG, weil es bei N rechtwinklig ist (Fig. 9c, S. 25).

Anm.: Diese Aufgabe ist von geschichtlicher Bedeutung, weil man im klassischen Altertum, anstatt die Polhöhe unmittelbar zu beobachten, eine Zoneneinteilung der Erde herstellte nach der Dauer des längsten Tages; an den Zonengrenzen war der Unterschied eine Stunde. Der Mangel an einer hinreichenden Zahl sicherer Beobachtungen machte allerdings die Herstellung genauer Karten auf Grund dieser Zoneneinteilung unmöglich, so daß man den Gelehrten nicht Unrecht geben kann, die die Einzeichnung des Gradnetzes für verfrüht hielten.

29. Aufg. 4: Der Meridian soll aus der größten westlichen (oder östlichen) Ausschreitung eines Gestirns (zunächst konstruktiv) bestimmt werden. (Geg. δ, φ.) — Könnte man einen Zirkumpolarstern, dessen Bahn den Zenit nicht einschließt,

Längster Tag — Größte Ausschreitung

während eines vollen Umlaufs beobachten, so beschriebe das Fernrohr einen Drehkegel um die Himmelsachse. Die Spitze dieses Kegels ist das Auge des Beobachters, also die Mitte der Himmelskugel, der Grundkreis die Bahn des Gestirns. Das Gestirn hat seine größte Ausschreitung dann, wenn sich das beobachtende Fernrohr nach oben oder nach unten bewegt, also dann, wenn die Kugelberührebene scheitelrecht steht. Man hat mithin, um die Seitenabweichung in diesem Augenblick zu zeichnen, durch die Scheitellinie die Berührebene an den Kegel zu legen. Wir schneiden daher (Fig. 13) die Grundebene des Kegels mit der Scheitellinie und ziehen von dem Schnittpunkt die Berührenden an den Grundkreis, den wir zu diesem Zweck in die Tafel umlegen (Seitenriß). Aus dem Aufrißbild des Berührungspunktes findet man das Grundrißbild (Umlegung des Horizonts); das Grundrißbild liegt senkrecht unter dem Aufrißbild, und sein Abstand von der Rißachse, also von der Aufrißtafel, ist dem Seitenriß zu entnehmen. Nun setzt man das Grundrißbild des Scheitelkreises ein, wodurch dort die (von N gemessene) Seitenabweichung a' des Gestirns in seiner größten Ausschreitung sichtbar wird.

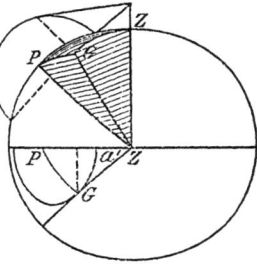

Fig. 13. Größte Ausschreitung eines Gestirns.

Da die Himmelsrichtung bekannt ist, in der das Gestirn gesehen wurde, kann man durch die eben ermittelte Seitenabweichung die Mittagslinie bestimmen. Das Verfahren wird gewöhnlich auf den Polarstern angewandt, wo die Seitenabweichung nur klein, also lediglich eine Verbesserung aller Beobachtungen ist, bei denen man den Polarstern als im Pol stehend, die Mittagslinie also nur annähernd angenommen hatte. In der Figur ist der Polabstand des Gestirns groß angenommen, um die Figur deutlich erscheinen zu lassen. — Das nautische Dreieck ist in unserem Fall rechtwinklig, u. z. bei G. Der Kreis PG wird nämlich aus der Kugel ausgeschnitten von der Durchmesserebene des Kegels, der Kreis ZG aber von der Berührebene desselben; diese beiden Ebenen stehen aber bei dem Drehkegel senkrecht aufeinander. (Rechnung?) Der Winkel bei G wird parallaktischer Winkel genannt.

30. Aufg. 5: **Bestimmung der Mittagsebene aus der Beobachtung der Sonne um Mittag.** Um 12 Uhr wahrer Zeit (Baruch S. 15) steht der Sonnenmittelpunkt in der Mittagsebene; beobachtet man also die Sonne zu dieser Zeit, so hätte man die Mittagsebene gefunden, vorausgesetzt, daß man das Fernrohr auf die Sonnenmitte richten könnte. In Wahrheit stellt man aber den senkrechten Faden des Fadenkreuzes auf einen Sonnenrand ein, etwa auf den östlichen. Die so gefundene

VII. Beispiele rechtwinkliger Dreiecke

Ebene bedarf also einer „Verbesserung", d. h. man hat noch einen gewissen Winkel x zu bestimmen, um den das Fernrohr westwärts gedreht werden muß, damit es in die Mittagsebene gelangt. Diesen Winkel x zu ermitteln, ist unsere Aufgabe. Fig. 14 stellt im Aufriß einen Blick in das Innere der südlichen Himmelshälfte dar, soweit sie über dem Horizont liegt; man muß sich also die vordere und die untere Halbkugel wegdenken, so daß nur ein Viertel der Kugel übrigbleibt. Der Grundriß zeigt die Himmelskugel von oben betrachtet, mithin von außen. Die Himmelskugel (Halbmesser R) ist durch die Mitte der Sonnenkugel (Halbmesser r) hindurchgelegt. Die Sonnenhöhe $h = 90° - \varphi + \delta$ ist am Rande (im Aufriß) i. w. G. eingetragen und der Höhenparallel mit dem Mittagskreis geschnitten. (Der Sonnenhalbmesser ist übermäßig groß angenommen, weil sonst die Figur undeutlich geworden wäre). Die Sonnenmitte S ist dann in den Grundriß gebracht, nachdem dort der Höhenparallel eingetragen war. Die Ebene des auf den östlichen Sonnenrand eingestellten Fernrohrs erscheint im Grundriß als Gerade und sie zeigt dort den gesuchten Winkel x i. w. G. Der Berührpunkt B der Sonne ist das Ende des auf der Ebene senkrechten Sonnenhalbmessers; der Winkel x liegt mithin in einem ebenen rechtwinkligen Dreieck, das als Gegenkathete den Sonnenhalbmesser r und als Hypotenuse das Lotbild des Zenitabstands der Sonnenmitte, also $R \cdot \cos h$ hat. Es ist daher $\sin x = r : R \cdot \cos h$. Bezeichnet man den Winkel, unter dem die Sonne erscheint, mit $2s$, so ist $\sin s = r : R$; daher kann die obige Formel auch geschrieben werden: $\sin x = \sin s : \cos h$. Man erkennt aus dieser Schreibweise, daß $90° - h$ Hypotenuse eines rechtwinkligen Kugeldreiecks ist, das den Winkel x enthält, s zu dessen Gegenkathete hat und den Zenitabstand der Sonnenmitte zur Hypotenuse. Das Stück s ist aber in unserer Figur nicht enthalten, weil es die Sonnenmitte nicht mit dem Berührpunkt verbindet, sondern mit einem anderen, der allerdings bei der geringen Größe des Stückes s (etwa $\frac{1}{4}$ Grad) von ihm nicht zu unterscheiden ist. So ist es zu erklären, daß zu obiger Berechnung häufig jenes Kugeldreieck verwendet wird, in dem das Stück s die Sonnenmitte mit dem Berührpunkt verbindet, was nicht genau zutrifft.

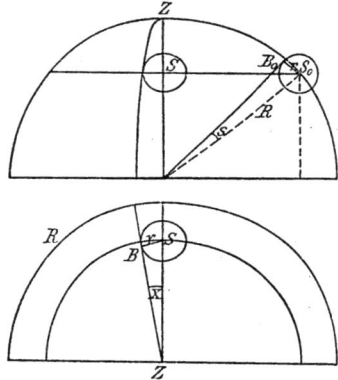

Fig. 14. Bestimmung der Mittagsebene mit der Sonne.

Sonnenscheibe — Dreieck aus a, α, γ 41

Auch fällt nur scheinbar der Berührpunkt im Aufriß an den Sonnenrand; die Sonnenkugel ist zum Teil durch die Himmelskugel verdeckt, da sie im Aufriß teilweise hinter dieser liegt, im Grundriß teilweise darunter. — Da es sich nur um eine Verbesserung handelt, darf man den Winkel x und dessen Gegenkathete s als unendlich klein behandeln und den Sinus durch den Bogen ersetzen, also:

$$x = s : \cos h = s : \sin(\varphi - \delta).$$

(Die Hypotenuse und die andere Kathete sind endlich.)

31. **Aufg. 6:** Eine theoretische Aufgabe mag hier noch Platz finden, weil sie in der Ebene eindeutig, auf der Kugel aber doppeldeutig ist: ein Dreieck aus a, α, γ zu bestimmen. Wir beschränken uns zunächst auf den Sonderfall, daß $\gamma = 90°$ ist. Diese Aufgabe läßt bereits den erwähnten Unterschied deutlich erkennen. Es soll also ein rechtwinkliges Dreieck aus einer Kathete a und deren Gegenwinkel α konstruiert werden (Fig. 15). Die beiden Schenkel des rechten Winkels mögen im Horizont und in der Mittagsebene liegen. (Durch

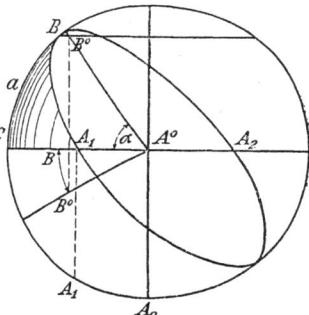

Fig. 15. Rechtwinkliges Dreieck aus a, α.

Anwendung dieser Bezeichnungen wird die Allgemeinheit der Betrachtungen nicht beeinträchtigt, wohl aber gewinnt der Ausdruck an Anschaulichkeit.) Die gegebene Kathete a tragen wir am Rande i. w. G. ab: $CB = a$, deren Gegenwinkel α im vordersten Punkt A^0 der Kugel, wo seine Schenkel sich als gerade Linien abbilden. Wir suchen nun mittels einer Drehung um die Scheitellinie den freien Schenkel durch das freie Ende B der Seite a hindurchzulegen. Es kann an diese Stelle nur ein solcher Punkt gelangen, der dieselbe Höhe hat wie jener Endpunkt B; wir ziehen daher durch diesen den Höhenparallel und schneiden ihn mit dem freien Winkelschenkel in B^0 vor und in B^{00} hinter der Tafel. Der Winkel, um den man die Kugel (gegen die fest gedachte Seite a) im einen oder im anderen Sinn drehen muß, um das Dreieck zu schließen, ist aus dem Bogen des Höhenparallels zu ersehen. Man bringt diesen in den Grundriß und zieht dort den Scheitelkreis, der aus dem Horizont den gesuchten Großkreisbogen ausschneidet. Um diesen Bogen muß der vorderste oder der hinterste Punkt der Kugel gedreht werden. Nach der Drehung bringt man diesen Punkt wieder in den Aufriß, wo er die Spitze des gesuchten Dreiecks bildet. Der die Hypotenuse tragende Kreis schneidet den Horizont zweimal, nämlich einmal vor der Tafel, das andere

42 VIII. Großkreis durch zwei Punkte — Pol und Polare

Mal hinter ihr. Beide Punkte A_1, A_2 sind Spitzen des gesuchten Dreiecks. (Man könnte auch durch die entgegengesetzte Drehung den Punkt B^{oo} an den Rand und so das zweite Dreieck ebenfalls auf die Vorderseite bringen, wie in der Figur geschehen.) Die Hypotenusen beider Dreiecke ergänzen sich zu 180°, ebenso die wagerechten Katheten sowie die diesen gegenüberliegenden Winkel. Auch die Determination: sin $a \lessgtr$ sin α ergibt sich aus der Konstruktion wie aus der Rechnung.

Nur nebenbei möge der allgemeine Fall: Dreieck aus a, α, γ (Fig. 16) behandelt werden. Trägt man $CB_0 = a$ wie oben am Rande, also senkrecht zum Horizont ab, so hat man den diesen Bogen tragenden Kreis um seinen wagerechten Durchmesser so weit zu drehen, daß seine Ebene gegen den Horizont um den Winkel γ geneigt ist. Dabei gelange B_0 nach B; die Konstruktion bleibt im übrigen dieselbe wie oben; die beiden Drehungen, die B^o bzw. B^{oo} nach B führen, haben aber jetzt nicht nur entgegengesetzten Sinn, sondern auch ungleiche Größe. Betrachtet man für den Augenblick an ihrer Stelle die entgegengesetzten Drehungen, die B nach B^o bzw. B^{oo} bringen, so lassen sich diese zusammensetzen aus einer beiden gemeinsamen Drehung an den Rand, vermehrt oder vermindert um eine und dieselbe weitere Drehung; sie erscheinen also wie die Wurzeln einer gemischt-quadratischen Gleichung, während sie in dem vorhin behandelten Sonderfall als Wurzeln einer reinquadratischen Gleichung gedeutet werden können. — Fig. 16 zeigt den Fall, wo $\alpha_2 = 180° - \alpha_1$ ist, weil α näher an 90° liegt als γ (vgl. Hammer).

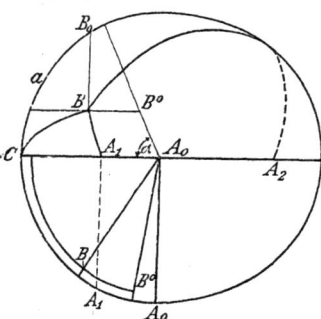

Fig. 16. Allgemeines Dreieck aus a, α, γ.

VIII. GROSSKREIS DURCH ZWEI PUNKTE. POL UND POLARE

32. Aufg.: Durch zwei Punkte der Kugel den Großkreis zu legen.

1. Einer der beiden Punkte (P_1) liegt am Rande. Man faßt ihn als Pol auf und dreht den Umrißkreis so lange, bis er durch den zweiten Punkt P_2 geht (Fig. 9a). Zu diesem Zweck legt man durch P_2 den „Bahnkreis" (Nr. 15 ff.), lotet ihn auf den Äquator und entwirft einen Seitenriß mit dem Bild des Äquators als Rißachse; dieser zeigt den Äquator und den Bahnkreis i. w. G. Den Punkt P_2 bringt man in den Seitenriß und

Großkreis durch zwei Punkte

setzt dort den Großkreis ein, der im Seitenriß als Gerade erscheint. Den Schnittpunkt dieses Kreises mit dem Äquator bringt man in den Aufriß. Nun hat man die kleine Halbachse der gesuchten Bildellipse; im Punkt P_2 setze man noch die Berührende ein.

2. **Beide Punkte liegen im Inneren des Umrisses.** Um diese Aufgabe (Fig. 17) auf die vorige zurückzuführen, kommt es darauf an, die große Achse der Bildellipse zu finden; das ist derjenige Durchmesser des gesuchten Großkreises, der i. w. G. erscheint, und der somit in der Tafel liegen muß. Da die Großkreisebene die Kugelmitte mit der Tafel gemein hat, braucht man zur Bestimmung der Schnittlinie nur noch einen Punkt. Um diesen zu finden, wendet man den Satz an, daß sich drei Ebenen stets in einem Punkt treffen (oder eine Richtung gemein haben; dieser Fall ist zu umgehen, s. u.). Man benutzt eine dritte

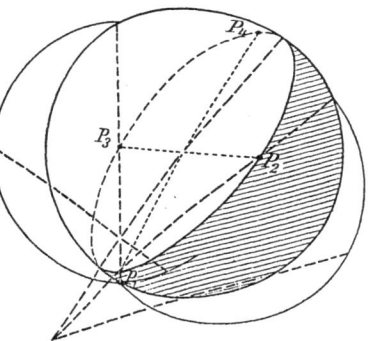

Fig. 17. Großkreis durch 2 Punkte.

„Hilfsebene", die man zweckmäßigerweise senkrecht zur Tafel annimmt. Man legt also durch die beiden Punkte P_1 und P_2 die Ebene senkrecht zur Tafel; sie erscheint als Gerade, die zugleich als Bild der Kugelsehne zu betrachten ist, und schneidet die Kugel in einem Kreis, den man in die Tafel umlegt. Liegen beide Punkte auf einer Seite der Tafel, etwa beide auf der vorderen, so legen sich die beiden Lote, die P_1 und P_2 abbilden, nach derselben Seite um, so daß man nur den vorderen Halbkreis umzulegen braucht. Die umgelegte Sehne schneidet das Lotbild der Kugelsehne in einem Punkt, der fest bleibt, wenn man die Hilfsebene wieder aufrichtet; denn die Bewegung ist eine Drehung um das Lotbild der Kugelsehne als Achse. Dieses Lotbild ist die Gerade, in der die Hilfsebene die Tafel schneidet; die Kugelsehne ist aber die Schnittgerade, in der die gesuchte Großkreisebene die Hilfsebene trifft; daher gehört der Schnittpunkt auch der gesuchten Großkreisebene an; dieser ist der gesuchte zweite Punkt. Die Gerade, die ihn mit der Kugelmitte verbindet, ist die gesuchte Schnittgerade der Großkreisebene mit der Tafel; sie schneidet aus dem Umriß die Enden der großen Achse der Bildellipse aus.

33. Die Konstruktion versagt, wenn die Sehne der Tafel parallel ist; aber auch der Fall, daß der Schnittpunkt zwar vor-

VIII. Großkreis durch zwei Punkte — Pol und Polare

handen, aber nicht mehr auf der Zeichentafel liegt, macht die Verwertung des Punktes unmöglich oder doch sehr umständlich und daher ungenau. — Liegen beide Punkte auf entgegengesetzten Seiten der Tafel, der eine P_1 vor, der andere, er heiße jetzt P_3, hinter der Tafel, so kann kein Versagen eintreten, weil der Schnittpunkt der Sehne mit der Tafel innerhalb der Kugel, also auch innerhalb des Umrisses liegt. Man hat in diesem Fall zu beachten, daß bei der Umlegung die Lote nach entgegengesetzten Seiten fallen, so daß man den ganzen Kreis umlegen muß. Im ersten Fall kann man die ungünstige Lage der Punkte vermeiden, wenn man beachtet, daß mit jedem Punkt eines Großkreises auch sein Gegenpunkt gegeben ist, so daß man im ganzen stets vier Punkte des gesuchten Kreises zur Verfügung hat, die paarweise durch die Tafel getrennt werden. Man kann also stets zwei Punkte herausgreifen, die keine Gegenpunkte sind und durch die Tafel getrennt werden. Liegen also beide Punkte vor der Tafel, so spiegelt man einen, etwa P_2, an der Kugelmitte, die zugleich die Kreismitte ist, nach P_3 und verwendet das Spiegelbild an Stelle des Punktes, also P_1 und P_3 (oder P_2 und P_4, das Spiegelbild von P_1).

34. Aufg.: Zu einem gegebenen Pol den Äquator zu finden. Man lege den Mittagskreis, der auf der Tafel senkrecht steht und der daher als gerade Linie erscheint, in die Tafel um (Fig. 18). Der Pol gelangt dabei an den Rand, der Äquator erscheint in dieser Lage als Gerade. Macht man nun die Drehung rückgängig, so erhält man die gesuchte Bildellipse. Der in der Umlegung vorderste (hinterste) Punkt rückt wieder an den Rand, während der höchste und der tiefste Punkt durch die Scheitel der kleinen Achse der Bildellipse abgebildet werden. Dort, wo der Äquator den Umriß berührt, geht die Linie von dem sichtbaren auf den unsichtbaren Teil über. Man beachte, daß eine Linie, die von dem sichtbaren Teil einer Fläche auf den verdeckten Teil übertritt, mit dem Umriß zwei zusammenfallende

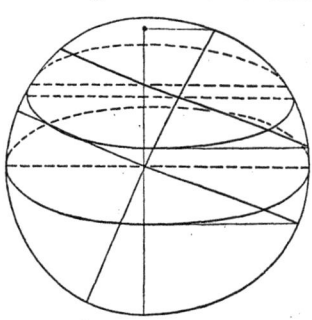

Fig. 18. Äquator und Parallelkreis zu gegebenem Pol.

Lotbild des Gradnetzes 45

Punkte gemein hat, ihn also berührt, sofern sie nicht als Gerade erscheint. Zeichne ein Parallelkreisbild (Achsen, Umrißberührung)!

Anm.: Soll man einen Großkreis legen, der zu einem gegebenen Kreis senkrecht steht und durch einen gegebenen Punkt geht, so muß man den Pol des gegebenen Kreises aufsuchen und durch ihn und den gegebenen Punkt den Großkreis legen.

35. Teilt man den Äquator etwa von 30⁰ zu 30⁰ (Fig. 19), so kann man die entsprechenden Mittagskreise in das Bild einsetzen (die Bilder derselben); man kennt die Berührenden im Pol und am Äquator. Um die Berührpunkte mit dem

 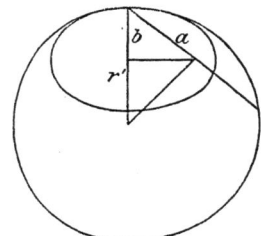

Fig. 19. Sommersonnenwende.   Fig. 20. „Polarkreis." Krümmung der Ellipse am Ende der kleinen Achse.

Umriß zu finden, sucht man den Pol des Mittagskreises auf dem Äquator durch Abzählen von 90⁰. Die so gewonnene Achse des Mittagskreises steht senkrecht auf allen Durchmessern dieses Kreises; aber nur der in der Tafel liegende erscheint auch im Bilde senkrecht; dieser ist also die gesuchte große Achse der Bildellipse.

Gibt man in obiger Figur der Erdachse eine Neigung von $23\frac{1}{2}$⁰ gegen die Tafel, so erhält man die Ansicht der Erde, von der Sonne aus gesehen, zur Zeit der Sommersonnenwende; es ist alsdann der Polarkreis (Fig. 20) von besonderer Wichtigkeit. Denn er stellt die Grenze dar zwischen den Punkten der Erde, die 24 Stunden Tag, und denen, die Tag und Nacht haben; jene sind von der Sonne aus während der ganzen Erddrehung zu sehen. (Deckt man die eine Hälfte der Figur mit durchscheinendem Papier zu, indem man den vordersten Mittagskreis als Grenze annimmt, so hat man ein Bild der Erde zur Zeit der Tag- und Nachtgleiche; alle Parallelkreise werden in diesem

46 VIII. Großkreis durch zwei Punkte — Pol und Polare

Augenblick durch die Schattengrenze halbiert. Die Zeichnung wird sehr vereinfacht, wenn man an Stelle einer Neigung von $23\tfrac{1}{2}°$ eine solche von $30°$ wählt.)

Anm. 1: Während die Bilder der südlich des Polarkreises liegenden Parallelkreise den Umriß in je zwei Punkten berühren, rücken diese Berührpunkte für das Bild des Polarkreises in den obersten Punkt zusammen (Fig. 20), so daß die Berührung dort vierpunktig ist. Demnach ist der Umrißkreis der Krümmungskreis für das Bild des Polarkreises. Nun ist aber der nach dem höchsten Punkt gehende Kugelhalbmesser r Hypotenuse eines rechtwinkligen Dreiecks, das die große Halbachse a der Ellipse zur Kathete hat; diese selbst ist wieder Hypotenuse eines jenem ähnlichen Dreiecks, das die kleine Halbachse b zur entsprechenden Kathete hat. Daher ist

$$b : a = a : r = \sin \varepsilon \quad (\varepsilon = \text{Schiefe der Ekliptik}).$$

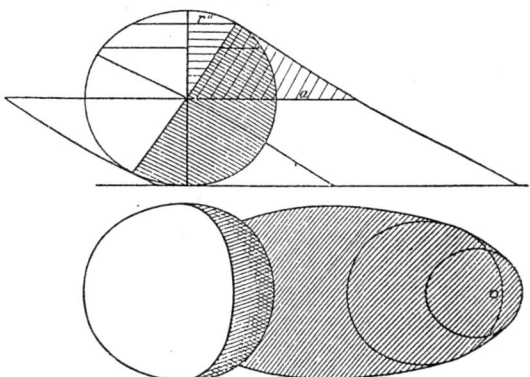

Fig. 21. Schatten der Kugel. Krümmung der Ellipse am Ende der großen Achse.

Wollte man die entsprechende Formel für den Scheitel im Ende der großen Achse einer Ellipse mittels der Kugel beweisen, so könnte man (Fig. 21) die Ellipse als Schatten der Kugel betrachten, entworfen auf eine dem Äquator parallele Tafel. Dabei bilden sich die Parallelkreise i. w. G. ab und sie berühren den Umriß, bis sie in höheren Breiten ganz in das Innere des Schattens rücken und schließlich in dem Brennpunkt als Nullkreis enden. Auch hier rücken die Berührpunkte immer mehr zusammen und gehen für den Parallelkreis, der durch den höchsten (tiefsten) Punkt der Eigenschattengrenze geht, in vierpunktige Berührung über. Bezeichnet man den Halbmesser dieses Parallelkreises mit r'', die Halbachsen des Schlagschattens

Krümmung der Ellipse — Polarecke

aber mit a und $b = r$, so ist das in der Äquatorebene liegende a Hypotenuse eines rechtwinkligen Dreiecks, das den nach dem höchsten Punkt der Eigenschattengrenze gehenden Kugelhalbmesser r zur Kathete hat. Dieser ist wieder Hypotenuse eines jenem ähnlichen Dreiecks, das den in der Zeichentafel liegenden Parallelkreishalbmesser r'' zur entsprechenden Kathete hat; also ist $a : b = b : r''$. Hiermit ist die in Nr. 8 angegebene Konstruktion bewiesen (Fig. 21a).

Anm. 2: Bekanntlich betrachtet man die Erde als ein an den Polen abgeplattetes Ellipsoid, d. h. man sieht den „Mittagskreis" als eine Ellipse an. Das Verhältnis der Halbachsen $b : a$ kann man durch das der Krümmungshalbmesser r', r'' in den Scheiteln der Ellipse berechnen; es ist

$$r'' : r' = (b^2 : a) : (a^2 : b) = b^3 : a^3.$$

So kann man sich die Ermittlung der Erdabplattung $(a - b) : a$ in erster Annäherung klarmachen, wie sie durch Bestimmung des Meridiangrades und damit des Krümmungshalbmessers, das eine Mal unter dem Äquator, das andere Mal in hohen Breiten, um die Mitte des 18. Jahrhunderts ausgeführt wurde. Das Verfahren war dabei im Grunde dasselbe, dessen sich bereits Eratosthenes (278—195 v. Chr.) zur Schätzung des Erdumfangs bedient hatte. Er wußte, daß zur Zeit der Sommersonnenwende die Sonne am Mittag in Syene (Assuan) am Nil den Boden eines tiefen Brunnens beleuchtete, also im Zenit stand, während zu derselben Zeit in Alexandria die Sonnenstrahlen einen Winkel von $7\frac{1}{2}°$ mit der Lotlinie bildeten, woraus sich der Breitenunterschied zu $7\frac{1}{2}°$ ergab. Unter der allerdings nicht ganz richtigen Annahme, daß beide Orte unter derselben Mittagslinie lägen, berechnete er die Größe des Erdumfangs, da die Entfernung von $7\frac{1}{2}°$ annähernd bekannt war. (Diese Darstellung folgt Hm. Wagner, S. 91 und S. 100. Vgl. auch Kirchberger.)

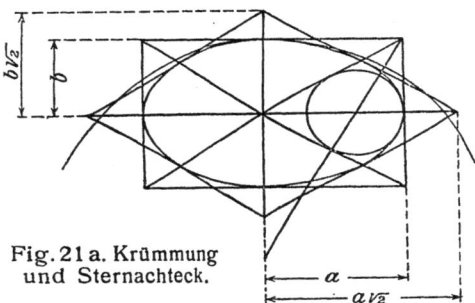

Fig. 21 a. Krümmung und Sternachteck.

36. Polarecke. — Dualität. Legt man (Fig. 22) in den Ecken eines Dreiecks die Berührebenen an die Kugelfläche, so bilden diese eine körperliche Ecke, die als „Polarecke" des gegebenen Dreiecks bezeichnet wird. Jedem Eckpunkt des Dreiecks entspricht in der Polarecke die

48 VIII. Großkreis durch zwei Punkte — Pol und Polare

Berührebene und diese steht auf den in diesem Eckpunkt zusammenstoßenden Seiten senkrecht. Da die in den Enden einer Dreieckseite gelegten Berührebenen beide auf der Ebene dieser Seite senkrecht stehen, steht ihre Schnittkante auf der Ebene dieser Dreiecksseite senkrecht. Es entspricht also jeder Seite des gegebenen Dreiecks eine auf ihrer Ebene senkrechte Kante der Polarecke. Die Ebenen, die die Polarecke begrenzen, sind zugleich die Neigungsebenen der Winkel des Dreiecks; umgekehrt sind die Ebenen der Dreieckseiten die Neigungsebenen für die Winkel der Polarecke. In jeder Seite der Polarecke entsteht somit ein Viereck, gebildet von zwei Kanten der Polarecke und den Schenkeln des Neigungswinkels des entsprechenden Dreieckswinkels. Dieses Viereck enthält einen Winkel des Dreiecks und als gegenüberliegenden Winkel die entsprechende Seite der Polarecke; die beiden anderen Winkel des Vierecks sind Rechte; daher ergänzen sich die Winkel des Dreiecks mit den entsprechenden Seiten der Polarecke zu 180°. In jeder Seite der zu dem Dreieck gehörigen Mittelpunktecke entsteht auch ein Viereck, das außer der Seite der Mittelpunktecke den entsprechenden Winkel der Polarecke und noch zwei rechte Winkel enthält. Da man an Stelle der Seiten der Mittelpunktecke die des Kugeldreiecks setzen kann, ergänzen sich die Seiten des Dreiecks mit den entsprechenden Winkeln der Polarecke zu 180°. Für die Mittelpunktecke und die Polarecke gilt daher der

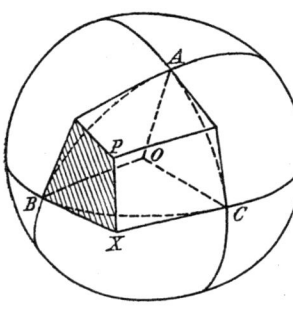

Fig. 22.
Dreieck mit Polarecke.

Satz: **Die Seiten der Polarecke stehen auf den Kanten der Mittelpunktecke senkrecht, und es stehen auch umgekehrt die Kanten der Polarecke auf den Seiten der Mittelpunktecke senkrecht.**

Zu der Polarecke gehört auch eine Gegenecke (man denke sich die Ecke an ihrem Scheitel gespiegelt). Setzt man die Polarecke, ohne die Richtungen zu ändern, in die Kugelmitte, so schneidet sie aus der Kugelfläche das Polardreieck (samt Gegendreieck) aus. Wie man sieht, ist das wechselweise Entsprechen vollkommen; man muß jedoch wohl beachten, daß nicht gleichartige Stücke einander zugeordnet sind, sondern den Seiten der einen die Winkel der anderen Figur und umgekehrt.

Anm.: Das wechselweise Entsprechen von Ecke und Polarecke hat seinen inneren Grund in der Tatsache, daß das Senkrechtstehen, auch im Raum, eine Wechselbeziehung ist: Errichtet man auf einer Ebene ein Lot und legt durch dieses eine Ebene, so steht diese auf der ersten Ebene senkrecht. Anders ausgedrückt: Dreht sich eine Ebene um das Lot einer anderen, so steht sie stets senkrecht auf der Ebene. Errichtet man umgekehrt auf einer Ebene zwei senkrechte Ebenen, so schneiden sie sich in einem Lot dieser Ebene. — Diese Sätze sind nur der Ausdruck der Polareigenschaften der Kugel, die für die Ebene vom Kreise her bekannt sind und sich auf die Ellipse (und weiterhin auf Hyperbel und Parabel) übertragen.

37. Das wechselweise Entsprechen der Stücke eines Dreiecks mit denen seines Polardreiecks nennt man „Dualität". Sie geht ausnahmslos durch die gesamte Kugelgeometrie durch, indem jeder Figur auf der Kugel eine duale Figur zugeordnet ist. So entsprechen die Kongruenzsätze oder, was dasselbe besagt, die Dreiecksaufgaben einander dual:

1. Sind von einem Dreieck gegeben zwei Winkel und die Zwischenseite, so kennt man von dem Polardreieck zwei Seiten und den Zwischenwinkel.

2. Kennt man von einem Dreieck die drei Winkel, so sind von dem Polardreieck die drei Seiten bekannt.

3. Kennt man von einem Dreieck einen Winkel, eine anliegende und die gegenüberliegende Seite, so ist damit für das Polardreieck eine Seite, ein anliegender und der gegenüberliegende Winkel gegeben.

Sucht man zu einem Dreieck das Polardreieck (genau genommen das Polardreiseit) und zu diesem wieder das Polardreieck (mit seinem Gegendreieck), so gelangt man wieder zu dem ursprünglichen Dreieck (mit Gegendreieck) zurück. Die polare Abbildung kann also in erweitertem

VIII. Großkreis durch zwei Punkte — Pol und Polare

Sinn als **Spiegelung** bezeichnet werden, insofern ihre Wiederholung (streng genommen die Folge der Polarverwandtschaft und ihrer Umkehrung) jeden Punkt in sich zurückführt (Nr. 3).

Anm.: Die **Dualität** tritt bereits in der **Ebene** hervor, sie ist aber in der Maßgeometrie, also auch in der ebenen Trigonometrie unvollständig, weil die Summe der Dreieckswinkel 2R beträgt, so daß ein Dreieck durch seine Winkel nicht bzw. überbestimmt ist. Man kann, wie wir später sehen werden, die ebene Trigonometrie als einen Sonderfall der sphärischen betrachten, nicht aber umgekehrt; daher lassen sich aus den Formeln der ebenen Trigonometrie die der sphärischen nicht ableiten, wohl aber ist der umgekehrte Weg möglich (Nr. 26., Anm. 2).

38. Von den oben genannten Dreiecksaufgaben braucht man nur drei zu lösen, weil die dualen mittels des Polardreiecks erledigt werden können. Sollte man ein Dreieck aus seinen Winkeln bestimmen, so könnte man das Polardreieck aus seinen bekannten Seiten ermitteln und dann das gesuchte Dreieck als Polardreieck des Polardreiecks finden. Zweckmäßiger ist es allerdings, aus den Grundformeln die polar entsprechenden abzuleiten, was nun für den Sinus- und den Kosinussatz geschehen soll.

Wir bezeichnen die Stücke des Polardreiecks mit a', b', c', α', β', γ'; dann ist $a' = 180^0 - \alpha, \ldots, \alpha' = 180^0 - a, \ldots$ Stellt man jetzt den Sinussatz für das Polardreieck auf und ersetzt die Stücke desselben durch die des gegebenen Dreiecks, so folgt:

$\sin \alpha' : \sin \beta' = \sin a' : \sin b'$ oder $\sin a : \sin b = \sin \alpha : \sin \beta$,

d. h. der **Sinussatz**; dieser ist also **sich selbst dual**. Aus dem Kosinussatz für die Seiten des Polardreiecks erhält man den **Kosinussatz für die Winkel** des gegebenen Dreiecks wie folgt:

$$\cos a' = \cos b' \cdot \cos c' + \sin b' \cdot \sin c' \cdot \cos \alpha';$$

$$-\cos \alpha = \cos \beta \cdot \cos \gamma - \sin \beta \cdot \sin \gamma \cdot \cos a$$

oder, wie man gewöhnlich schreibt:

$$\cos \alpha = -\cos \beta \cdot \cos \gamma + \sin \beta \cdot \sin \gamma \cdot \cos a.$$

Aufg.: Zeige, daß auch die anderen angeführten Formeln ihre dualen haben!

Dualität — Konstruktion der Polarecke

Wir hatten gefunden (Nr. 4), daß die Summe der Winkel eines Kugeldreiecks größer als 180° ist. Wendet man diesen Satz auf das Polardreieck an, so findet man:

$$\alpha' + \beta' + \gamma' > 180°$$

oder $180° - a + 180° - b + 180° - c > 180°;$

das ergibt aber:

$$a + b + c < 360°, \text{ d. h.}$$

Satz: Die Summe der Seiten eines Kugeldreiecks ist kleiner als 360°.

Wir hatten diesen Satz bereits (ohne strengen Beweis) aufgestellt. Wendet man ihn auf das Nebendreieck der Seite a des Dreiecks ABC an, so folgt:

$$a + (180° - b) + (180° - c) < 360°,$$

also $a < b + c$, das heißt:

Satz: In jedem Kugeldreieck ist die Summe zweier Seiten größer als die dritte.

Daraus folgt dann (vergl. Nr. 4):

Der Großkreis ist „die geodätische Linie" auf der Kugel.

39. Aufg.: Zu einem gegebenen Dreieck soll die Polarecke gezeichnet werden.

Das Dreieck kann durch seine Ecken bestimmt sein; dann muß man nach Nr. 32ff. die Großkreise durch je zwei von ihnen hindurchlegen. Da diese Aufgabe aber bereits erledigt ist, wollen wir der Einfachheit halber annehmen, es seien von zwei Bildellipsen je die große Achse gegeben und ein Punkt A, den sie gemein haben sollen (Fig. 22). Dadurch sind die beiden Ellipsen samt ihren Berührenden in dem gemeinsamen Punkt A bestimmt. Man wird dann noch auf jeder derselben einen weiteren Punkt B bzw. C annehmen, dessen Berührende man ermittelt. Die zuletzt angenommenen Punkte sind durch den Großkreis zu verbinden, und die Berührende der Ellipse ist jedesmal zu konstruieren. Die Berührenden in den Enden einer Seite (a) schneiden sich in einem Punkt (X) der Kante der Polarecke, die auf der Dreiecksseite senkrecht steht. Diese Kante ist also parallel mit der Achse des betreffenden Großkreises (Durchmesser nach dem Pol). In gleicher Weise bestimmt man die beiden anderen Kanten der Polarecke. Alle drei müssen durch einen Punkt gehen, den Scheitel P der Polarecke.

LITERATUR.[1])

1. Diese Bibliothek: Nr.
   8. Meth, Theorie der Planetenbewegung.
   29. Baruch, Die Grundlagen unserer Zeitrechnung.
   40. Kirchberger, Streifzüge durch die Geschichte der Astronomie.
   57. Peters, Vektoranalysis.
   63. Knopf, Mathematische Himmelskunde.
   66. 67. Kramer, Darstellende Geometrie.
2. Möbius, Astronomie, Sammlung Göschen Nr. 11. 1903, 10. Aufl.
3. Hammer, Lehr- und Handbuch der ebenen und sphärischen Trigonometrie, Stuttgart, Metzler, 1907, 3. Aufl.
4. Scheffers-Kramer, Leitfaden der darstellenden und räumlichen Geometrie, Leipzig, Quelle-Meyer, 1924 u. 25.
5. Schoy, Die geschichtliche Entwicklung der Polhöhebestimmungen bei den älteren Völkern. Archiv d. deutsch. Seewarte, Bd. 34, 1911, N 2.
6. Ders., Vermischte Aufgaben der math. Geographie und sphär. Astronomie. Hamburg, Grand, 1913.
7. Hm. Wagner, Lehrbuch der Geographie, Hannover und Leipzig, Hahn, 1900. 1. Auflage.
8. H. Wiener, Verzeichnis von H. Wieners und P. Treutleins Sammlungen math. Modelle, Leipzig u. Berlin, Teubner, 1912.
9. Ders., Abhandlungen zur Sammlung math. Modelle, Leipzig, Teubner, 1907.

In der Lehre von den Abbildungen habe ich den Gang eingeschlagen, den Herr Geh. Hofrat Prof. Dr. H. Wiener in seinen Vorlesungen seit Jahren befolgt hat; derselben Quelle entstammt auch z. B. die Erklärung der Spiegelung u. a. mehr, das im einzelnen anzuführen mir nicht möglich ist.

---

[1]) Die Bücher werden im Text nur mit dem Verfassernamen zitiert.

Mathematisch-Physikalische Bibliothek

Fortsetzung der 2. Umschlagseite

Darstellende Geometrie des Geländes und verwandte Anwendungen der Methode der kotierten Projektionen. Von R. Rothe. 2., verb. Aufl. (Bd. 35/36.)
Karte und Kroki. Von H. Wolff. (Bd. 27.)
Konstruktionen in begrenzter Ebene. Von P. Zühlke. (Bd. 11.)
Einführung in die projektive Geometrie. Von M. Zacharias. 2. Aufl. (Bd. 6.)
Funktionen, Schaubilder, Funktionstafeln. Von A. Witting. (Bd. 48.)
Einführung in die Nomographie. Von P. Luckey. I. Die Funktionsleiter. 2. Aufl. II. Die Zeichnung als Rechenmaschine. 2. Aufl. (Bd. 28 u. 37.)
Theorie und Praxis des logarithmischen Rechenstabes. Von A. Rohrberg. 3. Aufl. (Bd. 23.)
Mathematische Instrumente. Von W. Zabel. I. Hilfsmittel und Instrumente zum Rechnen. II. Hilfsmittel und Instrumente zum Zeichnen. [U. d. Pr. 1926.] (Bd. 59 u. 60.)
Die Anfertigung mathematischer Modelle. (Für Schüler mittlerer Klassen.) Von K. Giebel. 2. Aufl. (Bd. 16.)
Mathematik und Logik. Von H. Behmann. [In Vorb. 1926.]
Mathematik und Biologie. Von M. Schips. (Bd. 42.)
Die mathematischen Grundlagen der Variations- und Vererbungslehre. Von P. Riebesell. (Band 24.)
Die mathematischen und physikalischen Grundlagen der Musik. Von J. Peters. (Bd. 55.)
Mathematik und Malerei. 2 Bände in 1 Band. Von G. Wolff. (Bd. 20/21.)
Elementarmathematik und Technik. Eine Sammlung elementarmathematischer Aufgaben mit Beziehungen zur Technik. Von R. Rothe. (Bd. 54.)
Finanz-Mathematik. (Zinseszinsen-, Anleihe- und Kursrechnung.) Von K. Herold. (Bd. 56.)
Die mathematischen Grundlagen der Lebensversicherung. Von H. Schütze. (Bd. 46.)
Riesen und Zwerge im Zahlenreiche. Von W. Lietzmann. 2. Aufl. (Bd. 25.)
Geheimnisse der Rechenkünstler. Von Ph. Maennchen. 3. Aufl. (Bd 13.)
Wo steckt der Fehler? Von W. Lietzmann und V. Trier. 3. Aufl. (Bd. 52.)
Trugschlüsse. Gesammelt von W. Lietzmann. 3. Aufl. (Bd. 53.)
Die Quadratur des Kreises. Von E. Beutel. 2. Aufl. (Bd. 12.)
Das Delische Problem (Die Verdoppelung des Würfels). Von A. Herrmann. (Bd. 68.)
Mathematiker-Anekdoten. Von W. Ahrens. 2. Aufl. (Bd. 18.)
Scherzaufgaben und Probleme. Von J. Preuß. [In Vorb. 1926.]
Die Fallgesetze. Von H. E. Timerding. 2. Aufl. (Bd. 5.)
Kreisel. Von M. Winkelmann. [In Vorb. 1926.]
Atom- und Quantentheorie. Von P. Kirchberger. I. Atomtheorie. II. Quantentheorie. (Bd. 44 u. 45.)
Ionentheorie. Von P. Bräuer. (Bd. 38.)
Das Relativitätsprinzip. Leichtfaßlich entwickelt von A. Angersbach. (Bd. 39.)
Drahtlose Telegraphie und Telephonie in ihren physikalischen Grundlagen. Von W. Ilberg. (Bd. 62.)
Optik. Von E. Günther. [In Vorb. 1926.]
Dreht sich die Erde? Von W. Brunner. 2. Aufl. [U. d. Pr. 1926.] (Bd. 17.)
Die Grundlagen unserer Zeitrechnung. Von A. Barneck. (Bd. 29.)
Mathematische Himmelskunde. Von O. Knopf. (Bd. 63.)
Mathem. Streifzüge durch die Geschichte der Astronomie. Von P. Kirchberger. (Bd. 40.)
Theorie der Planetenbewegung. Von P. Meth. 2., umgearb. Aufl. (Bd. 8.)
Beobachtung des Himmels mit einfachen Instrumenten. Von Fr. Rusch. 2. Aufl. (Bd. 14.)
Grundzüge der Meteorologie, ihre Beobachtungsmethoden und Instrumente. Von W. König. (Bd. 70.)

Verlag von B. G. Teubner in Leipzig und Berlin

If you have any concerns about our products,
you can contact us on
ProductSafety@springernature.com

In case Publisher is established outside the EU,
the EU authorized representative is:
**Springer Nature Customer Service Center GmbH
Europaplatz 3, 69115 Heidelberg, Germany**

Printed by Libri Plureos GmbH
in Hamburg, Germany